陇东学院著作出版基金资助

陇东深厚黄土地基桩基础
承载特性及应用研究

张斌伟　滕尊莉　著

中国矿业大学出版社
·徐州·

内 容 提 要

本书是作者从事甘肃陇东深厚黄土力学特性及工程应用系列研究成果的部分凝练及总结,深入系统地探讨了陇东深厚黄土的力学特性、深厚黄土地基的原位及室内模型试验及深厚黄土中桩基动力特性分析等。全书共分为7章:第1章绪论,第2章陇东深厚黄土地基土的力学特性试验与分析,第3章陇东深厚黄土地基桩基承载力原位试验研究,第4章陇东深厚黄土地基桩-土作用的室内模型试验研究,第5章强震作用下深厚黄土地基中桩基动力响应分析,第6章黏弹性黄土地基中单桩的自振特性研究,第7章深厚黄土地基中群桩基础承载特性数值模拟。

本书可供相关专业的研究人员借鉴、参考,也可供广大教师和学生学习使用。

图书在版编目(C I P)数据

陇东深厚黄土地基桩基础承载特性及应用研究 / 张

斌伟,滕尊莉著. — 徐州 : 中国矿业大学出版社,

2024.3

ISBN 978 - 7 - 5646 - 5018 - 6

Ⅰ. ①陇… Ⅱ. ①张… ②滕… Ⅲ. ①黄土区一地基

承载力一研究一甘肃 Ⅳ. ①TU431

中国版本图书馆 CIP 数据核字(2021)第 095384 号

书　　名	陇东深厚黄土地基桩基础承载特性及应用研究
著　　者	张斌伟　滕尊莉
责任编辑	何晓明　何　戈
出版发行	中国矿业大学出版社有限责任公司
	(江苏省徐州市解放南路　邮编221008)
营销热线	(0516)83885370　83884103
出版服务	(0516)83995789　83884920
网　　址	http://www.cumtp.com　E-mail:cumtpvip@cumtp.com
印　　刷	苏州市古得堡数码印刷有限公司
开　　本	787 mm×1092 mm　1/16　**印张** 7.25　**字数** 142 千字
版次印次	2024 年 3 月第 1 版　2024 年 3 月第 1 次印刷
定　　价	32.00 元

(图书出现印装质量问题,本社负责调换)

前　　言

　　陇东地区具有典型的黄土地貌,区内分布着大面积的深厚黄土层。在多年黄土工程力学特性研究中,学者们主要关注黄土湿陷性问题,并且主要研究区域集中在关中、陕北、河南、山西和兰州等经济、政治地位特殊的区域。多年以来,陇东地区经济发展相对落后,城市建设滞后,对于深厚黄土地基土的工程力学特性、深厚黄土层中桩基工程性状和深厚黄土中桩基动力特性的研究尚属空白。随着甘肃省打造陇东能源化工基地和区域中心城市的发展,深厚黄土地区大规模基础设施建设如火如荼,因此系统地研究深厚黄土地基桩基工程相关问题,具有重要的现实意义。

　　本书主要研究内容如下:

　　① 利用庆阳市西峰区凤凰大境项目(Ⅱ期)深厚黄土地基土样,进行了原状黄土和重塑黄土的三轴试验,考虑了不同含水量、不同围压、不同初始固结状态、加载和卸载等因素对黄土强度的影响。试验结果表明:a. 黄土具有显著的结构性,黄土结构的破坏对于其强度影响很大。重塑黄土试样在低围压情况下,表现出理想弹塑性特性;在高围压情况下,表现出一定的应变强化特性。b. 同一含水量时,围压越大,土体的弹性变形越大,弹性极限越高;黄土试样含水量较低且预压固结应力较大时,卸载试样表现出了一定的卸载回弹现象,因此对于固结应力较大的深厚黄土场地,需要注意基坑开挖的卸载回弹变形。c. 加载状态的极限应变比卸载状态的极限应变大十几倍,总的趋势是预压状态越大,极限应变相对变大。对于卸载状态,存在着一个临界应力点,在低应力场状态时,围压越大,极限应变越大;在高应力场状态时,围压越大,极限应变越小。d. 重塑黄土的加载与卸载试验

说明黄土地基与黄土基坑具有不同的变形特性,在深厚黄土地区进行类似工程施工时必须要注意黄土加载与卸载的变形差异。

② 基于庆阳市华池一中(新建)教学楼工程场地,进行了黄土桩基的单桩与单桩承台现场静荷载试验。试验分析可知:a. 在该大厚度黄土地区,单桩具有较高的承载力,而且沉降较为均匀、沉降量较小,可以作为承受较大荷载的建筑物基础。三根试验桩的 Q-S 曲线平缓,没有出现明显陡降部分,S-$\lg t$ 曲线呈平缓规则形状,各桩的单桩极限承载力都不低于 4 900 kN,要比设计计算所得的单桩极限承载力大得多。b. 试验桩属于摩擦型桩,桩身轴力未传至桩端,桩端承载力为零,荷载主要由桩侧摩擦阻力提供反力承担;桩身轴力随深度分布不仅与桩顶荷载的大小有关,而且与桩周土的性质有关。

③ 基于相似理论,进行深厚黄土地基室内模型试验,研究了单桩和群桩系统在不同桩径比、长短桩复合桩基及地基渗水对桩基承载力与桩-土作用的影响。研究结果表明:a. 沉降变形控制的安全系数 F_s 是承载力控制安全系数 F_Q 的 2 倍,两种地基安全控制条件得到的可靠度基本一致,说明适度的沉降变形是桩-土相互作用发挥的必然,黄土桩基产生适当沉降是必需的,也是可控的。b. 桩体应变的发展可分为应变增长、应变降低、弹性等应变沉降、突变、塑性等应变沉降、桩基失效 6 个阶段。桩体应变与桩-土作用效果及侧摩擦阻力作用的发挥直接相关。c. 对于深厚黄土群桩基础而言,桩径比对承台沉降速率影响明显。初始阶段桩长对沉降的抑制作用发挥不大,随着桩间土塑性变形的发展,长桩优势凸显,其沉降基本上是等速率的,而短桩控制变形速率的能力较差。长桩属于整体剪切破坏,而短桩属于局部剪切破坏。随着荷载的继续增加,长桩的沉降量显著增大,桩-土作用显著降低甚至发生滑移,桩基础宣告失效。因此,对于深厚黄土桩基工程,选择长桩对群桩基础的沉降控制效果较好。d. 对长短桩复合桩基承载力分析可知,长桩侧的承台平均沉降要小于短桩侧的承台平均沉降,两者在沉降形态上也反映出了初始弹性沉降、等速沉降和加速沉降 3 个阶段,在深厚黄土地区采用长短桩复合桩基能够实现地基刚度的调

平设计,对于上部结构体型复杂、荷载变化大、地基刚度不均匀的情况下,采取这种设计理念是可行的。e. 对黄土地基渗水试验分析可知,常规条件和地基渗水条件下的桩基承载时间比达到了 3 倍左右,说明深厚黄土地基对水具有敏感性,必须防止地下管道或地面雨水下渗。渗水条件下其桩体应变要大于常规条件的桩体应变,随着时间的增加,渗水状态的桩体应变急剧降低,而常规状态下的桩体应变持续增大,直到桩基失效为止。

④ 基于 HS 硬化模型设计小应变硬化模型(HSS 本构模型),本书提出了一种强震状态下黄土中桩基动力性状的分析方法,通过有限元软件 PLAXIS 中的 HSS 本构模型,利用双向简谐波研究耦合荷载作用下黄土桩基动力性状。数值分析结果表明,本书方法能够从耦合荷载作用下桩身水平位移的响应、桩身内力响应两方面实现对强震状态下黄土中桩基动力性状的有效分析。

⑤ 将回传射线矩阵法推广至桩-土系统的振动分析中,利用MATLAB 编程,借助求根法对二维复数超越方程进行迭代求解,通过数值算例对比分析黏弹性地基中桩的外露长度、埋置深度、桩端约束情况对自振频率、衰减系数和模态的影响。研究结果表明:a. 外露长度越长,埋置结构的各阶自振频率和衰减系数越小;埋置深度越深,埋置结构的各阶自振频率越小,衰减系数越大。b. 埋置部分的横向位移明显小于外露部分的横向位移。c. 桩顶固定边界下单桩的各阶自振频率最大,桩顶自由边界下单桩的各阶衰减系数最小;桩顶自由工况下单桩各阶振型峰值相对其在桩顶铰接和桩顶固定工况下的振型峰值较小。

⑥ 基于有限元理论和数值仿真软件 ANSYS,建立了深厚黄土地基群桩基础分析模型,研究了不同桩身直径、不同承台厚度、不同桩间距和桩身长度等桩身物理参数因素对基础总体沉降和基桩应力的影响。分析结果表明:a. 基础总沉降量随桩身直径的增加而减小。b. 承台厚度对基础沉降的影响不明显,增加承台厚度可以减小群桩的不均匀沉降。c. 当桩长一定时,在相同荷载下,角桩桩身应力最大,

中心桩桩身应力最小,且这两种桩桩身应力的差距随荷载等级的提高而增加,随桩距的增大而减小。

本书是笔者从事陇东深厚黄土力学特性及工程应用系列研究成果的部分凝练及总结,研究成果得到了甘肃省自然科学基金项目(2015RJZM322)、甘肃省高等学校创新能力提升项目(2019A-118)、陇东学院著作出版基金的资助,在此表示感谢。

兰州新区城市发展投资集团有限公司的柳伟同志(现在兰州信息科技学院工作)在第 6 章主体内容的撰写上付出了艰辛的工作,在此深表谢意。陇东学院土木工程学院杜婷老师、王进玺老师及土木工程学院土木工程专业 2015 级部分同学进行了室内模型试验工作,在此一并表示感谢。

本书得到了陇东学院相关部门及领导的大力支持,在此表示深深的谢意。同时,对书中所引文献和研究成果的众多作者表示诚挚的谢意。

由于水平所限,书中难免会有不妥之处,还望读者能够给予批评指正。

著　者

2023 年 9 月

目　　录

第1章 绪 论

桩基础是一种承载能力高、适用范围广、历史久远的基础形式。我国利用桩基础的历史可以追溯到七千多年前新石器时代的河姆渡文化,当时的人会在湖泊和沼泽地使用木制方桩、圆桩和板桩的塔台作为水上住所;汉朝时,修桥会使用到木桩;到了隋朝,工匠们会将木桩作为寺塔的塔基;北宋时,在修建上海龙华塔和山西晋祠圣母殿时使用了桩基;五代时期,大海塘工程采用了木桩和石承台。

随着型钢及钢筋混凝土预制构件的问世,人类开始大量使用工厂预制的或现场预制的钢筋混凝土桩。20 世纪 80 年代以来,虽然桩基材料变化并不太大,但在施工工艺和流程控制、桩基设计、计算方法、荷载传递机理分析等方面取得了较大的进展。

随着人民的生活水平不断提高,对各类工程建设的耐久性、可靠性、安全性的要求也越来越高。在各类工程建设中,由于基础工程是隐蔽工程,其在整个工程中的重要性不言而喻,因此,基础形式采用桩基础的情况也越来越多,并且使用较高标号混凝土的桩基础也越来越普遍。

1.1 桩基承载力与桩-土作用的机理

由于单个桩并不能够有效地独立承受上部结构荷载,所以采用钢筋混凝土承台的群桩设计在解决基础工程问题中非常普遍。群桩基础通常由基桩和承台组成,在荷载作用下所产生的变形沉降是桩侧土体-基桩-承台共同作用的结果。

1.1.1 桩基承载力

桩基承载力是指桩基在外荷载作用下,不丧失稳定性、不产生过大变形的承载能力。现在很多工程结构所承受的横向荷载为可变作用,考虑到实际工程中基本上采用的都是低承台设计,基础附近土体抗力和承台底部摩擦力已经可以在很大程度上抵抗上部结构传递的水平荷载,因此,桩基础承载力研究的重点应当放在竖向荷载问题上。

桩基础竖向承载力是桩-土系统共同作用的结果。在桩顶施加荷载时,桩身上部受到压缩而相对于土体产生向下的位移,桩周土层就会沿桩侧表面对基桩产生向上的摩擦阻力。当桩顶荷载通过桩侧摩擦阻力传递到桩周围土层时,随深度增加桩身轴力和桩身压缩变形逐步减小,相应的桩身轴力也减小,这就是桩基础最基本的荷载传力路径。当基桩和周围土体存在相对位移时,在沿桩身某一位置处的桩-土相对位移值为零,摩擦阻力便不会发挥作用;随着桩顶荷载增加,沿桩长方向桩身压缩量和桩-土相对位移增加,桩周土层沿整个桩长范围内对桩体产生摩擦阻力,同时桩端土层也因为桩体沉降增大受到压缩而产生桩端承载力。因此,一般情况下桩基础竖向承载力由桩侧摩擦阻力和桩端承载力共同组成。

结构承载机理包括荷载的传递、构成、影响因素以及结构破坏形式,使用极限状态,应力-应变计算方法等。当构筑物受到风荷载或地震等造成的水平作用时,荷载通过上部结构传递到群桩基础上,然后经由承台按照一定的比例通过集中力或弯矩的形式分配到各个基桩上。

1.1.2 影响桩基承载力的因素

桩基的承载力由两部分组成:桩侧土提供的摩擦力和桩端土提供的支承力。影响桩基承载力的因素很多,主要有桩基周围土体的性质、桩的几何特性、成桩效应等方面。

变形与荷载对桩基础来说是同等重要的。由桩基承载特性可知,当桩端土体一定、桩径一定时,桩端土体支承力可以确定,桩基承载力只与桩侧摩擦阻力相关。此种情况,可采取增加桩长的方法来提高桩基的承载力,但如果产生过大的变形,仍然是无法满足使用要求的,因此在各种规范中均规定了限制桩基位移的要求;对于位移与缓变形荷载曲线,可根据沉降量确定桩的极限承载力。

桩基周围土体性质是桩侧阻力最直接的影响因素,其决定着桩侧阻力的发挥。一般情况下,桩侧阻力会随桩基周围土体的强度而发生变化,土体强度越高,相应的桩侧阻力就越大。大量试验资料表明,对于设置于黏性土中的桩基,周围土体不排水的抗剪强度就等于其侧阻力;而桩基设置于砂性土中时,桩侧阻力系数的平均值与主动土压力系数较接近。由于桩基周围土体依靠发生剪切变形来传递桩侧阻力,且桩侧阻力具有摩擦性质,因而土的剪切模量与侧阻力有着密切的关系。砂土的剪胀及超压密黏性土的应变软化,使得随位移增大侧阻力反而减小。由于土的硬化固结,在轻微超压密黏性土以及正常固结中,桩顶反复加荷会使侧阻力增大。松砂发生剪缩也会产生同样的结果。桩侧阻力在黏性土中有比较复杂的分布形式,桩侧阻力在大部分情况下呈抛物线分布,即随深度增加而增加。

材料本身的应力-应变特性决定着土的"深度效应",桩侧摩擦阻力在深部土层中的发挥会受到制约,深度的增加并不能使之无限制地增大下去。因此,在一定程度上提高总的侧摩擦阻力可以通过增加桩长来实现,但当桩深大于"临界深度"时,侧摩擦阻力随桩长的增长而增大的幅度会降低。受桩身位移及桩身压缩的影响,侧摩擦阻力在上部土层达到极限后出现降低,桩总的侧摩擦阻力甚至出现减小的趋势,因而在一些工程实践中会发现短桩发挥出的侧摩擦阻力效果要比长桩的好。

对于黏性土试验发现也存在"深度效应",但对黏性土目前尚不能很好地解释"深度效应"的机理。无法通过提高饱和黏性土的正应力来提高由土体强度条件所决定的侧摩擦阻力。因此,黏性土随着土层深度的增加,桩侧摩擦阻力的增大不会很明显,这极有可能是造成黏性土也存在"深度效应"的重要原因。

若在土中发生破坏,在通常情况下土体的抗剪强度决定着侧摩擦阻力,但土体发生剪切破坏时,并不一定只有唯一的剪切面,沿着受剪切力最大的桩-土界面方向的剪切面是最常见的,但如果受剪切土层附近有软弱土层存在,则有可能改变剪切面,从而侧摩擦阻力随之发生改变。

总而言之,随着桩径、桩长、桩基周围土体等效刚度,桩端土体等效刚度,以及桩基自身材料弹性模量等因素的改变,桩基承载力也会随之而改变。

1.1.3 桩-土共同作用的一般机理

桩-土共同作用问题是桩基理论研究的核心问题之一,其问题的本质就是如何充分利用桩和地基土的承载力,使两种力学性质完全不同的材料能够同时承担上部结构荷载,且变形控制在允许的范围之内。从这个角度来说,桩-土共同作用问题和钢筋混凝土的共同作用有一定的相似之处。同样是力学性质完全不同的两种材料,钢筋与混凝土之所以能共同工作,除了两者之间有良好的黏结性能外,最主要的原因是钢筋与混凝土的温度线膨胀系数非常接近,即当温度变化时两者的变形是协调的。与钢筋、混凝土不同的是,桩属于低压缩脆性材料,其自身材料变形相对较小,其材料极限承载力对应的应变约为0.1%,事实上桩基极限承载力通常小于桩身材料的破坏强度,因而桩身的压缩应变要比0.1%还小。地基土属于高压缩柔性材料,其自身容易被压缩,地基极限承载力所对应的应变一般为1%~10%。两者相差1~2个数量级。

桩-土系统受到外荷载的作用,其每个部分引起的连锁反应所呈现出的总体表现即为桩-土的作用机理,它包括:荷载如何进行分配和通过何种方式进行传递,地基土和桩侧土以及桩端土一起承受外部荷载时三者之间的相互关系,各个桩-土承载力分量如何形成、呈现出何种分布规律以及如何发挥的过程。

当在单桩桩顶逐级施加竖向荷载时,上部桩身由于受到压缩而发生变形,相对于桩基周围土体产生向下的位移,此时,在桩身侧表面土体产生向上的摩擦阻力,摩擦阻力将桩身承受的荷载传递到桩基周围土层,随着深度增加,桩身压缩变形和荷载逐渐减小。桩侧摩擦阻力在桩-土相对位移等于零处,其数值也为零。摩擦阻力与位移在荷载施加的初始阶段近似地呈线性关系。桩身的压缩量随着荷载继续增加而增大,桩身下部的摩擦阻力在桩基与土体的相对位移量增大的情况下逐步发挥出来,桩端土层承受传递下来的部分荷载受到压缩而产生变形,从而形成桩端阻力。桩-土相对位移由于桩端土层的压缩变形而加大,桩侧摩擦阻力得到进一步的发挥,当桩侧摩擦阻力达到极限后,继续增大位移,桩侧摩擦阻力则不再增加,将保持不变。若继续增加荷载,全部荷载的增量将由桩端阻力承担。桩端持力层在荷载持续增大的情况下,会发生大量压缩和塑性挤出,将会产生显著增大的位移,直至破坏,桩端阻力达到极限。

综上可以看出,桩基在竖向荷载作用下,桩-土体系的荷载传递规律可总结为:桩端阻力和桩侧摩擦阻力在桩基的总承载力中所占的比例,与持力层土体和桩侧土体的性质、桩基的几何特征以及土层的结构等相关联。根据已有的工程实践资料以及试验研究成果,桩侧土一般承担80%~90%摩擦端承桩所受的荷载,而桩端土仅仅承担5%~20%的荷载。在达到容许荷载和破坏荷载时,摩擦桩的摩擦阻力分别占承担荷载的比例为92%和87%,而桩端抗力与桩侧摩擦阻力在硬黏土中同时提供支承力。对于端承桩来说,桩端抵抗力可以达到 87% 的破坏荷载和 67% 的容许荷载。大直径端承桩设置在砂土中时,仅仅有 20%~30% 的承载力是摩擦阻力所提供的。在某些特殊情况下,例如有的桩基由于具有较小的桩截面尺寸,桩身刚度随之降低,导致桩长相对较长、长细比较大,此类桩基即使支承在基岩上,但桩端土没有承担荷载或只承担其中极小的一部分,而摩擦阻力却承担了绝大部分或几乎全部的荷载。

1.2 黄土桩基承载力的研究综述

1.2.1 黄土桩基承载力的研究动态

Guo 等(2021)在有限条分法的基础上,提出了单桩承载力分析的无限层法。

Shen 等(2020)采用变分法分析弹性土体中群桩的轴向承载问题,采用级数来模拟桩的竖向位移,认为群桩中每一个桩的变形和剪切应力都可以用含有一系列未知系数的独立的有限级数来描述,采用最小势能原理来计算群桩受力特性。

但由于黄土具有很强的地域性,早期的湿陷性黄土地区桩基研究多依赖已有的工程实际。汤鹏举等(2003)据西安黄土地区钻孔灌注桩浸水试验结果,采用有限元方法建立单桩承载力数学模型,由变形协调条件等对西安湿陷性黄土地区单桩基础桩-土相互作用进行研究分析。

董晓明等(2016)依托山西河运高速桥梁桩基项目,利用现场及室内试验、理论分析和数值模拟,系统地分析了湿陷性黄土地区桩基础负摩擦阻力特性和基础上部荷载的传力路径,提出了控制地面浸水时对桩基受力特性的影响,运用自行研发的模型装置分析非均匀湿陷性黄土桩基础负摩擦阻力,采用密模修正法建立了抛物线式的单桩负摩擦阻力计算模型,并推广至群桩研究中。

刘争宏等(2010)系统总结了 5 省共 8 个黄土场地桩长桩基试验的研究成果,并在陕西潼关县渭河附近选取场地进行了具有一定规模的现场桩基浸水试验,从渗透力学的角度分析了有着不同渗透系数的层状土所表现出的湿陷特征,采用有效应力法估算桩基础负摩擦阻力,对桩侧负摩擦阻力与桩-土相对位移关系进行近似数值模拟。

胡士兵等(2016)通过对竖向荷载作用下桩基础沉降的解析与半解析研究,提出了桩侧摩擦阻力与桩-土位移的指数函数关系,推导了均匀土体中由桩端小位移引起的基桩沉降计算公式,结合实际工程背景推导出了长期荷载作用效应组合计算桩基础竖向荷载作用下的沉降计算公式,并对比研究成果证明了结论的合理性。

1.2.2 黄土桩基承载力的研究方法

(1)原位测试

原位测试包括两种方法:静力触探法和标准贯入试验法。静力触探法是指通过一定的机械装置,将一定规格的金属探头用静力压入土层中,同时用传感器或直接量测仪表测试土层对探头的贯入阻力,以此来判断、分析、确定地基土的物理力学性质,根据试验结果绘制此贯入阻力-深度关系曲线。由静力触探成果可划分土层界线,评定地基土的强度参数、变形参数、承载力,预估单桩承载力等参数。标准贯入试验法是在现场测定砂或黏性土的地基承载力的一种方法,这一方法已被列入国家标准《建筑地基基础设计规范》中。也有根据大量原位试验和静载试验做统计得出原位试验值、桩端极限阻力和桩侧极限阻力关系的。

(2)有限元数值分析

有限元数值分析是一种功能强大的数值计算方法,将桩与土划分为若干个单元,选择单元内部分节点为求解应力与位移分布函数的插值点,将微分方程的变量改写成节点值与插值函数的表达式,然后对其进行离散化并解出桩与土的应力与位移的分布。

(3)可靠度理论

目前建筑桩基础规范采用的是以可靠度理论为基础的概率极限状态设计方法,可靠度通常用作度量桩基可靠性大小的参数,通常按承载力极限和正常使用极限这两种状态进行分析和设计。由于资料的不完整,故不能单独分析桩的尺寸大小、土的工程性质。桩的侧阻力、摩擦阻力测试的不确定性和不准确性,使得该理论比较简单、准确性不高、略显得粗糙,工程设计中不能用于大型和重点工程的设计。故实际工程中常采用现场试验桩来取得所要资料。

(4)弹性理论法

弹性理论法的基本假定是把地基中的土看作理想均质的、各向同性的弹性半空间,其弹性模量、泊松比的大小和性质不会因为桩的插入而发生变化。桩通常被分成许多个相同、均匀的受荷单元,可以通过桩上各单元的桩位移与邻近土位移之间的变形协调条件来获得各桩承受荷载的大小。

1.3　陇东深厚黄土桩基的研究现状与存在的问题

1.3.1　陇东深厚黄土桩基研究的现状

陇东地区具有典型的黄土地貌,尤其是区内分布着大面积的深厚黄土层。在多年黄土工程力学特性研究中,学者们主要关注黄土湿陷性问题,并且主要研究地域集中在关中、陕北、河南、山西和兰州等经济、政治地位特殊的区域。多年以来,陇东地区经济发展落后,主要以农业经济为主,城市建设滞后,对于深厚黄土层的工程力学性质的研究属于空白,而且高层建筑稀缺,深厚黄土地基中的桩基工程问题得到了工程界的高度重视。

2008 年以来,陇东深厚黄土地区建设了大量的高层建筑,但关于深厚黄土地区的桩基工程问题,都是根据其他区域的历史经验来设计施工的,并且陇东深厚黄土地区目前所建的高层建筑桩基也没有经历过强震的考验。鉴于此,研究陇东深厚黄土地基桩-土作用相关问题,具有十分重要的工程意义,这在在陇东地区尚属空白。

1.3.2　陇东深厚黄土桩基研究待解决的问题

① 黄土沉积层在形成过程中,由于地质作用、气候和沉积环境等作用的不同,各个地区的黄土沉积层具有特有的工程属性。

② 陇东深厚黄土地基中的桩基工程缺乏系统的科研资料,没有进行针对性的科研工作,对传统经验的适用性和可行性尚未通过严格的科学论证。

③ 陇东深厚黄土地区的地震烈度一般较低,但区域周边有地震带分布,世界地震史上发生过的著名地震——固原大地震,就发生在本区周边。本区域所建的高层建筑,目前没有经受过大震的考验,深厚黄土中的桩基工程在强震作用下的力学性态如何,也是研究的空白。

1.4 问题的提出及主要研究内容

1.4.1 问题的提出

陇东地区长期以来经济发展相对落后,对于深厚黄土地基土的力学特性及桩基工程的研究尚属空白。随着甘肃省打造陇东大型能源化工基地和区域中心城市建设发展,陇东深厚黄土地区大规模工程建设已经开始。鉴于此,系统研究陇东深厚黄土地基土的工程力学特性和深厚黄土地基中的桩基工程问题具有重要的现实意义。

1.4.2 主要研究内容

① 为了更加准确地掌握陇东深厚黄土的工程力学特性,在庆阳市西峰区凤凰大境(Ⅱ期)地基钻探取样,分别取了 6 m、12 m 和 18 m 三个土层的土样,利用 TSZ-6A 型应变控制式三轴仪进行了深厚黄土的工程力学特性研究,研究了原状黄土的无侧限剪切强度,重塑黄土的加载-卸载力学特性,不同含水量、不同围压以及初始应力场对黄土强度的影响,以及黄土结构性对其强度的影响。

② 在庆阳市华池县第一中学(新建)工程场地,进行了黄土工程桩基原位承载力试验,研究了黄土桩基承载力与变形特征的关系。

③ 根据相似理论,构建了室内桩基试验模型,在实验室进行了深厚黄土地基桩-土作用试验研究,研究了黄土桩基础的单桩承载力和群桩承载力问题,比较了桩径比(桩长变化)、桩间距、长短桩复合桩基和桩基渗水等条件,探索了深厚黄土桩基承载力及桩-土作用的影响。

④ 利用 PLAXIS 有限元软件构建黄土中桩基有限元模型,依据 HS 硬化模型设计 HSS 本构模型,通过 HSS 本构模型获取强震作用下的黄土中桩基动力的相关参数,研究深厚黄土中桩基的动力特性问题。

⑤ 将回传射线矩阵法推广至桩-土系统的振动分析中,利用 MATLAB 借助求根法对二维复数超越方程进行迭代求解,研究黏弹性深厚黄土地基中桩的外露长度、埋置深度、桩端约束情况对自振频率、衰减系数和模态的影响。

⑥ 根据岩土塑性有限元理论和建模仿真技术,研究了不同桩身直径、不同承台厚度、不同桩间距和桩身长度等桩身物理参数因素对基础总体沉降和基桩应力的影响。

第 2 章　陇东深厚黄土地基土的力学特性试验与分析

2.1　概述

近年来,随着社会经济的快速发展,陇东深厚黄土地区建设了大量的高层建筑,这些建筑都要通过桩基础将其荷载传递到深层地层中去,但由于陇东地区前期经济发展较慢,建筑工程基本上以多层为主,大规模修建高层建筑的经验不足。

深厚黄土层中的桩基问题,归根结底就是桩基础与黄土之间的相互作用问题。但这个问题是十分复杂的,没有现成的理论模式和公式可循,而且桩基础与黄土之间的这种相互作用与黄土本身的工程力学特性休戚相关。陇东地区广泛分布着深厚的黄土层,该区黄土质地疏松、空隙大、垂直节理发育。黄土沉积层在形成过程中,由于地质作用、气候和沉积环境等作用的不同,各个地区的黄土沉积层具有其特有的工程属性。要研究陇东深厚黄土地基中的桩基问题,必须先研究清楚陇东地区深厚黄土地层中土体的工程力学特性。

试验取样黄土场地位于甘肃省庆阳市西峰区凤凰大境(Ⅱ期)项目,该区域位于董志塬黄土层上,具有典型的深厚黄土地层特性,现场取样 3 个钻孔(图 2-1),每个钻孔分别在 6 m、12 m、18 m 处取钻芯,工程场地土质量较好,取样完整度高。

图 2-1　凤凰大境项目（Ⅱ期）取样点照片

2.2　深厚黄土地基土的力学特性试验的重要性

黄土地基中桩基承载力决定了高层建筑稳定性。桩基承载力的发挥、发展与黄土地层本身的物理、力学特性密切相关,对于揭示桩基破坏机制以及演化机理等具有重要意义,并且在对桩基的承载力做出判断时,选定适合的黄土力学参数是极为重要的。因此,针对深厚黄土地层中的黄土介质开展物理力学特性及其力学行为的研究,已成为研究深厚黄土桩基承载力和深厚黄土桩-土相互作用的一项重要工作。

陇东地区经济发展欠账多,高层建筑发展历史短、成熟经验少,而且在深厚黄土地层中桩基工程的系统研究方面仍是空白,对陇东地区深厚黄土地基桩-土作用和深厚黄土力学特性的深入研究一直是难点问题。随着甘肃省提出了"一体两翼"发展战略以及陇东地区石油、煤炭等资源的开发和工业建设的发展,进行深厚黄土力学特性的研究,对于陇东地区基础建设工程的发展和甘肃省经济的可持续发展具有重要意义。

2.3　深厚黄土力学特性试验方案与试验设备

2.3.1　试验方案与目标

试验方案与目标如图 2-2 所示。

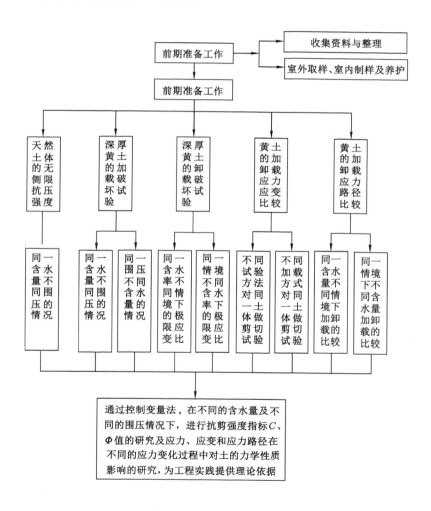

图 2-2　试验方案与目标

2.3.2 试验设备

试验采用的是 TSZ-6A 型应变控制式三轴仪(图 2-3)。仪器采用单片机控制,通过键盘进行围压和反压力设定、启动、停止,可以对三轴主机的剪切进行升降停控制。该机具有操作方便、结构紧凑等特点。三轴仪分成三个部分,分别为试验机、测控柜和附件(量力环、压力室、饱和器、对开模、承模筒、切土器、击实器)。该仪器根据《土工试验方法标准》(GB/T 50123—2019)设计制造。每一类试件做三个试样,在满足极差的条件下取其平均值,尽可能地减小试验误差,避免数据出现较大的离散性。

图 2-3　TSZ-6A 型应变控制式三轴仪

2.4　深厚黄土力学特性试验数据统计与分析

2.4.1　土样的制备

圆柱体的直径为 6.5 cm,原高度为 12 cm,底面积为 28.26 cm²,由于目标是研究深厚黄土在不同限定条件下的力学特性,所以试验采用重塑黄土。首先,将采取的土样风干;然后,用木棒将土样压碎,并对土样进行了筛分处理,把粒径大于 1.0 mm 的碎石清除,为制备土样做准备。将制备好的土样按要求的含水率进行制备,装入塑料袋进行密封,防止水分蒸发,待水分渗透均匀后,进行试验试样的制备。地基土物理参数见表 2-1。

表 2-1 地基土物理参数

土样	密度 $\rho/(\mathrm{g/cm^3})$	$w/\%$	G_s
	1.95	22.4	2.7

在击实器内分三层击实,各层接触面刨毛,在自由落体情况下,各层击实 30 次。根据《土工试验方法标准》(GB/T 50123—2019),对于重塑土样,进行不固结不排水试验,即:按照快剪方式确定土样的剪切速率是 0.12 mm/min,测力计校正系数是 4.25 N/0.01 mm。

2.4.2 天然黄土的无侧限抗压强度

天然土体的无侧限抗压强度即试样在围压为零的条件下抵抗轴向压力的极限强度 q_u。

试验步骤如下:

① 将制成的土样放在 TSZ-6A 型应变控制式三轴仪上,在不加任何侧向压力的情况下施加垂直压力,直到试件剪切破坏。

② 由试验结果得到应力-剪力曲线,即极限应力圆为破坏包线。

试验数据见表 2-2。

表 2-2 天然黄土的无侧限抗压强度试验数据

序号	轴向变形读数	轴向应变 $\varepsilon_1 = \dfrac{\Delta h_1}{\Delta h_c}$	试样校正后的面积 $A = \dfrac{A_c}{1-\varepsilon_1}$	测力计百分表读数 $R(0.01\ \mathrm{mm})$	主应力	最大主应力
1	0	0	28.26	0	0	0
2	40	0.33	28.35	7	10.49	10.49
3	80	0.67	28.44	14	20.92	20.92
4	120	1.00	28.53	19	28.30	28.30
5	160	1.34	28.62	23	34.15	34.15
6	200	1.67	28.71	27	39.97	39.97
7	240	2.00	28.80	31	45.75	45.75

表 2-2（续）

序号	轴向变形读数	轴向应变 $\varepsilon_1 = \dfrac{\Delta h_1}{\Delta h_c}$	试样校正后的面积 $A = \dfrac{A_c}{1 - \varepsilon_1}$	测力计百分表读数 $R(0.01\ mm)$	主应力	最大主应力
8	280	2.34	28.89	35	51.49	51.49
9	320	2.67	28.98	40	58.66	58.66
10	360	3.01	29.07	44	64.33	64.33
11	400	3.34	29.16	49	71.42	71.42
12	440	3.67	29.25	54	78.46	78.46
13	480	4.01	29.34	59	85.46	85.46
14	520	4.34	29.43	64	92.42	92.42
15	560	4.68	29.52	69	99.34	99.34
16	600	5.01	29.61	74	106.21	106.21
17	640	5.34	29.70	79	113.05	113.05
18	680	5.68	29.79	83	118.41	118.41
19	720	6.01	29.88	86	122.32	122.32
20	760	6.35	29.97	90	127.63	127.63
21	800	6.68	30.06	93	131.49	131.49
22	840	7.01	30.15	96	135.32	135.32
23	880	7.35	30.24	99	139.14	139.14
24	920	7.68	30.33	101	141.53	141.53
25	960	8.02	30.42	102	142.50	142.50
26	1 000	8.35	30.51	104	144.87	144.87
27	1 040	8.68	30.60	106	147.22	147.22
28	1 080	9.02	30.69	108	149.56	149.56
29	1 120	9.35	30.78	109	150.50	150.50
30	1 160	8.69	30.87	111	152.82	152.82
31	1 200	10.02	30.96	112	153.75	153.75
32	1 240	10.35	31.05	113	154.67	154.67
33	1 280	10.69	31.14	114	155.59	155.59
34	1 320	11.02	31.23	115	156.50	156.50

由图 2-4 可知,在无侧限试验中,由于土体自身所具有的结构性和摩擦特性,土体的莫尔-库仑强度包线不是水平线,而是具有一定的倾角,这一倾角刚好反映原状黄土所具有的结构特性和颗粒之间的摩擦特性。

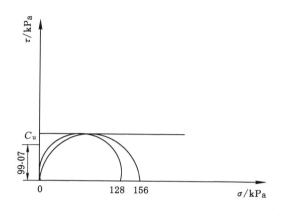

图 2-4　莫尔-库仑强度包线

由图 2-5 可知,应力-应变曲线从弹性阶段到蠕变阶段,至 15% 达到应变软变状态,通过极限应力圆,得到 $\psi_u \approx 0$,$C_u = 99.07$ kPa。工程实践中,常采用不固结不排水抗剪强度试验来确定土的短期承载力以及评价土体的稳定性,这应该是符合工程现状的,也比较保守和安全。

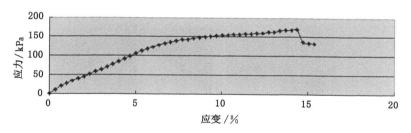

图 2-5　无侧限剪切试验应力-应变曲线

2.4.3　重塑黄土的加载破坏试验

对于重塑黄土,针对不同的 σ_1、σ_3,进行预压固结 24 h 来模拟黄土的正常固结状态,而后再施加偏应力,进行重塑黄土试样的强度试验。试验条件见表 2-3。

表 2-3　重塑黄土的加载破坏试验条件

侧向压力系数($\lambda=0.4$)		主应力	
		σ_1/kPa	σ_3/kPa
模拟正常固结状态 （不同情境）	Ⅰ	125	50
	Ⅱ	250	100
	Ⅲ	500	200
含水量 w/%	15%	18	24

试验步骤如下：

① 配制含水率分别为 15%、18%、24% 的黄土，在围压 100 kPa、200 kPa、300 kPa 的情况下进行加载破坏试验。

② 依据试验结果作出 p-q 曲线、应力-应变曲线等。

由图 2-6 及理论分析可知，剪切破裂面与最大主应力作用平面的夹角为 $\alpha=45°+\varphi/2$（共轭剪切面），土与一般连续性材料（如钢、混凝土等）不同，是一种具有内摩擦角的材料，其剪切破裂面不产生于最大剪应力面，而与最大剪应力面成 $\varphi/2$ 的夹角，如果土质均匀且试验中能保证试件内部的应力、应变均匀分布，则试件内将会出现两组完全对称的破裂面。

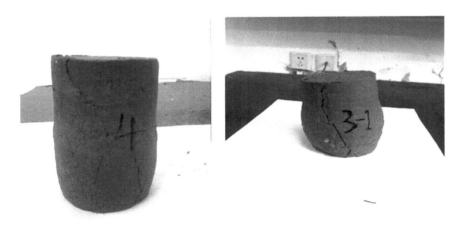

图 2-6　黄土的加载试验土样破坏图

由图 2-7 可知，固结围压、含水率对土的力学性质有重要影响，随着围压、含水量的增大，土体的应力-应变曲线在上升，说明土体的破坏强度在增大，主要原因是随着围压的增大,土体颗粒间的空隙在减小,密实度不断提高,土体抵抗变形的能力在增强。

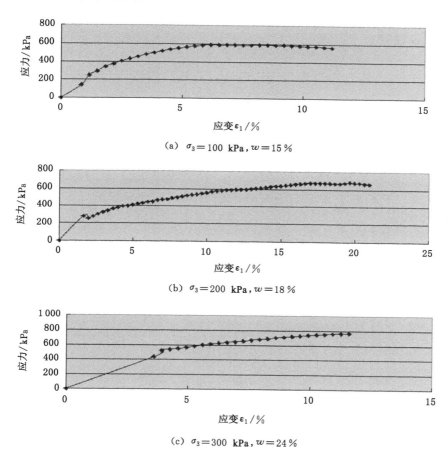

(a) $\sigma_3 = 100$ kPa, $w = 15\%$

(b) $\sigma_3 = 200$ kPa, $w = 18\%$

(c) $\sigma_3 = 300$ kPa, $w = 24\%$

图 2-7 不同含水率及不同围压下黄土加载试验的应力-应变曲线

由图 2-8 可知,黄土加载破坏试验时的 p-q 曲线反映的是土中某一点的应力状态变化过程,采用不同的含水率、围压条件对同一种土进行剪切试验,从试样开始剪切直至破坏的整个过程中,其应力变化过程是不一样的,这种不同的应力变化过程对土的力学性质将产生影响,实际上 (p, q) 值就是土体内某点在最大剪应力平面上的法向应力和剪应力。按应力变化过程把应力点连接起来,并标上箭头指明应力状态发展的方向,就得到某个具体的应力路径。应力路径是指土体内某点在施加荷载过程中应力点的移动轨迹。

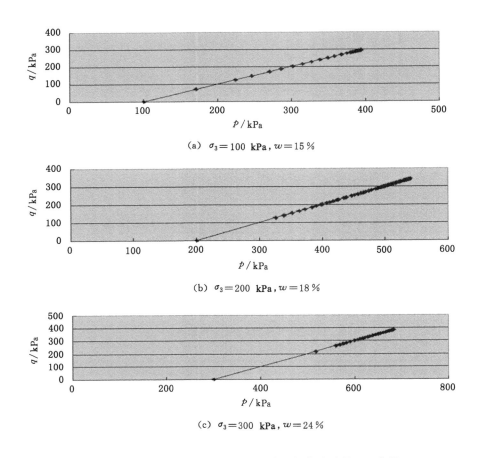

（a）$\sigma_3 = 100$ kPa，$w = 15\%$

（b）$\sigma_3 = 200$ kPa，$w = 18\%$

（c）$\sigma_3 = 300$ kPa，$w = 24\%$

图 2-8　不同含水率及不同围压下黄土加载试验的 p-q 曲线

　　由图 2-9 可知，随着围压的增大，土体的应力-应变曲线在上升，说明土体的破坏强度在增大，重塑黄土试样在含水率相同的情况下，土样基本上满足弹塑性变化特征；在低围压情况下，土样表现出理想弹塑性特性；在高围压情况下，土样表现出一定的应变强化特性，而且其强度也在变大。同一含水率时，围压越大，土体的弹性变形越大，弹性极限越高，这一试验结果和工程实践是一致的。重塑黄土试样在不同含水率的情况下，含水率越大，土体的强度越小，土体的极限应变越大，塑性越大。

　　由图 2-10～图 2-12 可知，在围岩压力相同的情况下，含水率越小，土样的强度越高，在围压较小时，土体的极限应变小，围压变大时，土体的极限应变也

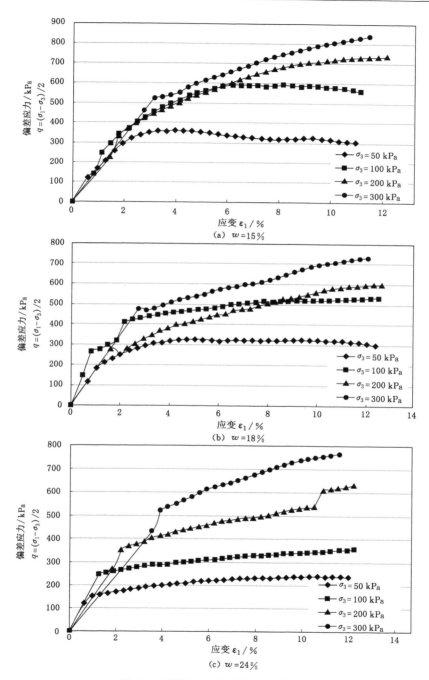

图 2-9　不同含水率下的 q-ε_1 曲线

同样变大。土中含水率的多少,对土体抗剪强度的影响十分明显,土中含水率大时,会降低土粒表面上的摩擦力,使土的内摩擦角 φ 值减小,黏性土含水率增大,会使结合水膜加厚,因而也就降低了内聚力。通过比较可知,含水率是影响土力学性质的最主要因素。

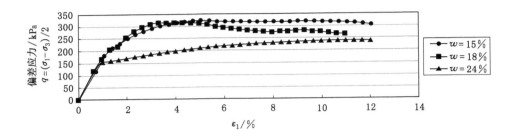

图 2-10　不同含水率下的 $q\text{-}\varepsilon_1$ 曲线($\sigma_3 = 50$ kPa)

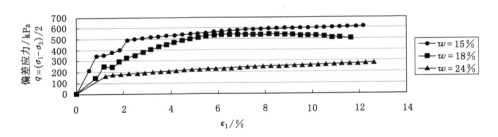

图 2-11　不同含水率下的 $q\text{-}\varepsilon_1$ 曲线($\sigma_3 = 100$ kPa)

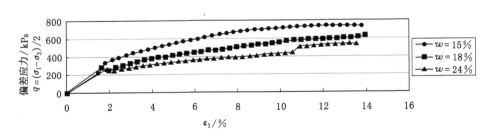

图 2-12　不同含水率下的 $q\text{-}\varepsilon_1$ 曲线($\sigma_3 = 200$ kPa)

由图 2-13～图 2-16 可知,比较不同含水率(15%、18%、24%)情况下的 C、φ 值,可以看出随着含水率的增加,其抗剪指标 C、φ 值迅速降低,这说明与理论结果是一致的,内聚力 C 总的变化趋势是减小的,但其还受地质年代、颗粒形态、级配和成分差异的影响。内摩擦角 φ 在含水率达到液限以前,随含水率增加也是呈下降的趋势。

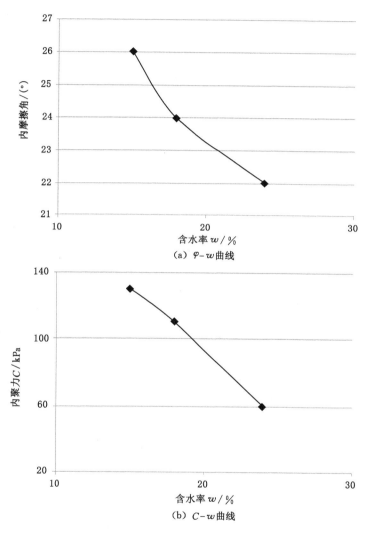

(a) φ-w曲线

(b) C-w曲线

图 2-13　黄土抗剪指标与含水率的关系曲线

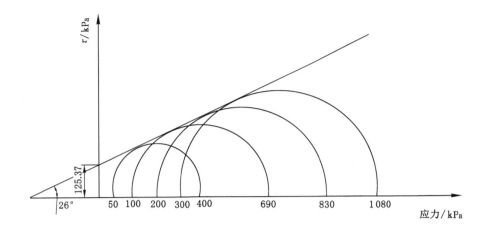

图 2-14　抗剪强度曲线($w=15\%$)

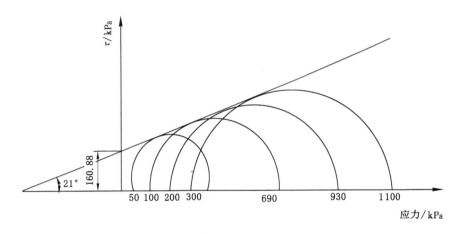

图 2-15　抗剪强度曲线($w=18\%$)

2.4.4　重塑黄土的卸载破坏试验

给定一个围压 σ_3，按正常固结模拟实际的应力状态，然后减小围压，围压 σ_3 按照每次 10 kPa 递减，应力环增加 0.07 mm，保持主应力不变，直到试件破坏。

试验步骤如下：

① 确定不同的围压值(100 kPa、200 kPa、300 kPa)、不同的含水率(15%、18%、24%)。

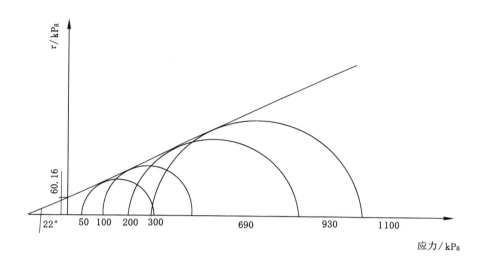

图 2-16 抗剪强度曲线($w=24\%$)

② 在围压 100 kPa 情况下,偏压 150 kPa 保持 24 h,应力环增加 1 mm;围压 200 kPa 情况下,偏压 300 kPa 保持 24 h,应力环增加 2 mm;围压 300 kPa 情况下,偏压 450 kPa 保持 24 h,应力环增加 3 mm。

③ 绘制卸载曲线。

为了方便比较重塑黄土的加载与卸载,特将重塑黄土给定特定的初始应力状态,建立了三种试验情境,加卸载试验均是从给定的初始应力状态开始进行的。重塑黄土试样的加载与卸载试验比较见表 2-4。

表 2-4 加载与卸载情况下极限应变比较

	w/%	ε_u/% (加载模型)	ε_u/% (卸载模型)	w/%	ε_u/% (加载模型)	ε_u/% (卸载模型)	w/%	ε_u/% (加载模型)	ε_u/% (卸载模型)
	15	11.17	0.51	15	15.79	1.85	15	22.13	1.27
	18	20.83	1.79	18	20.96	2.65	18	24.75	3.15
	24	16.25	5.21	24	13.56	6.29	24	11.58	3.90
情境	Ⅰ:$\sigma_1=250$ kPa, $\sigma_3=100$ kPa			Ⅱ:$\sigma_1=500$ kPa, $\sigma_3=200$ kPa			Ⅲ:$\sigma_1=750$ kPa, $\sigma_3=300$ kPa		

由图 2-17 可知:① 对于加载状态,当含水率小于 18%时,同一含水率下,围压越大,极限应变越大,随着含水率的增大,极限应变也逐渐在增大;但含水率大于 18%时,同一含水率下,围压越大,极限应变越小,随着含水率的增大,极限应变逐渐减小。这说明在加载状态下,含水率具有一个临界值,这一临界值直接决定了土体加载的变形特性。② 对于卸载状态,当围压小于 300 kPa 时,随着含水率的增大,极限应变也逐渐增大,同一含水率下,围压越大,极限应变也越大;但当围压大于 300 kPa 时,随着含水率的增大,极限应变总体上也是增大的。但是当含水率大于 18%时,围压变大,其极限应变反而减小。这说明在卸载状态下,围压存在着一个临界值,这一临界值直接决定了土体卸载的变形特性。

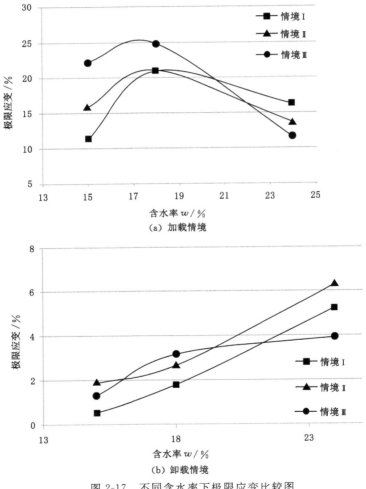

图 2-17　不同含水率下极限应变比较图

由图 2-18 可知：① 对于加载状态，当含水率小于 18％时，随着初始应力场的增大，极限应变也逐渐增大；当含水率大于 18％时，随着初始应力场的增大，极限应变反而减小。② 对于卸载状态，存在着一个临界应力状态。在低应力场状态时，围压越大，极限应变越大；在高应力场状态时，围压越大，极限应变越小。随着含水率的增大，极限应变普遍增大，这一规律与初始应力场状态无关。③ 加载方式的极限应变比卸载方式的极限应变大十几倍，总的趋势是：预压状态越大，极限应变越大。这为工程实践提供了理论依据。

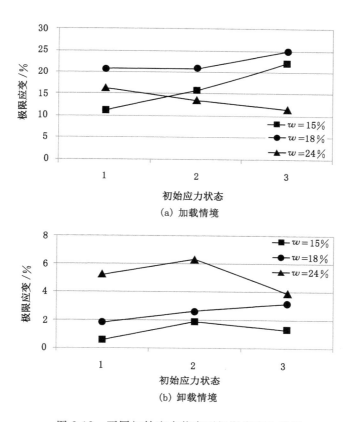

图 2-18　不同初始应力状态下极限应变比较图

由图 2-19 可知，加载状态试样具有很大的极限应变，表现出了较大的应变强化和软化特性，而卸载状态试样应变很小，具有一定的脆性特性。不论是加载还是卸载，初始固结应力越大，试样的极限破坏荷载越大，反映出黄土的

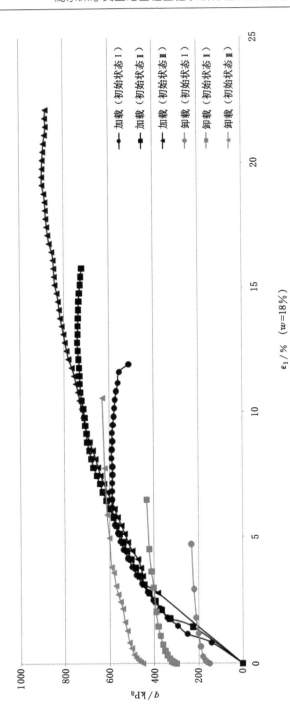

图 2-19 不同初始应力状态下加卸载试验的 q-ε_1 曲线比较图

强度也越大,说明黄土地基与黄土基坑具有不同的变形特性,在深厚黄土地区进行类似工程施工,必须注意黄土加载与卸载的变形差异。土的变形和强度特征具有应力路径效应,不论是不可恢复体积应变还是不可恢复剪切应变,都具有很强的应力路径相关性。

　　由图 2-20 可知,黄土试样的卸载状态下具有以下特点:① 当含水率相同时,土样的初始固结应力越大,其变形特性越好,极限应变越大,黄土的强度也越大,这是由于固结应力加大了黄土的胶结作用和摩擦效果,而且黄土颗粒分子间存在相互吸引力,包裹土颗粒的盐分如 $CaCO_3$、$MgCO_3$、$CaSO_4$、$NaCO_3$ 及 $NaCl$ 等的胶结作用对黄土强度起着重要作用。② 当初始固结应力相同时,含水率越大,黄土试样的塑性越好,极限应变越大,但极限强度反而变小,说明对于正常固结的黄土场地,含水率越大时,基坑将会发生大的流变,在较低的荷载作用下,可能发生很大的卸载变形。③ 当黄土试样含水率较低且预压固结应力较大时,卸载试样表现出了一定的卸载回弹现象,这是由于该状态黄土试样的回弹弹性模量比较大,对于固结应力较大的深厚黄土场地,需要注意基坑开挖的卸载回弹变形。

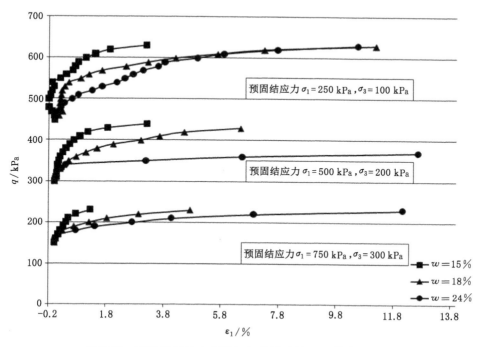

图 2-20　不同预固结应力下加卸载试验的 q-ε_1 曲线比较图

通过图 2-19 和图 2-20 可以看出,随着围压的减小,黄土的轴向位移在初期增加不明显,且近似呈线弹性变化,但达到破坏荷载时试样的轴向变形迅速增大直至破坏。

2.5 本章小结

通过对庆阳市西峰区凤凰大境项目(Ⅱ期)深厚黄土地基土样进行原状土和重塑土的三轴试验,考虑了不同含水率、不同围压、不同初始固结状态、加载和卸载等因素对黄土强度的影响,试验数据表明:

① 黄土具有极大的结构性,黄土结构的破坏对于其强度影响很大。重塑黄土试样在低围压情况下,土样表现出理想的弹塑性特性;在高围压情况下,土样表现出一定的应变强化特性。

② 同一含水率时,围压越大,土体的弹性变形越大,弹性极限越高。黄土试样含水率较低且预压固结应力较大时,卸载试样表现出了一定的卸载回弹现象,这是由于该状态黄土试样的回弹弹性模量比较大。对于固结应力较大的深厚黄土场地,需要注意基坑开挖的卸载回弹变形。

③ 加载方式的极限应变比卸载方式的极限应变大十几倍,总的趋势是:预压状态越大,极限应变相对变大。对于卸载状态,存在着一个临界应力状态,在低应力场状态时,围压越大,极限应变越大;在高应力场状态时,围压越大,极限应变变小。

④ 重塑黄土的加载与卸载试验说明,黄土地基与黄土基坑具有不同的变形特性,在深厚黄土地区进行类似工程,必须注意黄土加载与卸载的变形差异。

第3章 陇东深厚黄土地基桩基承载力原位试验研究

3.1 概述

黄土和黄土状土覆盖着全球大陆面积的 2.5% 以上。我国黄土面积约为 64 万 km²，是世界上黄土分布最广泛的地区。黄土在我国主要分布在西北，其次为华北平原及东北的南部地区。而我国西北地区黄土地层最厚、最完整、分布连续，其特性也最为典型。

近年来，随着西部大开发的持续推进及西部地区城市建设的发展，高层建筑和大荷载建筑在该地区建筑工程中的比例不断增加，桩基础因其承载力高、沉降小等优良性能而被广泛采用，然而不同土质及其与桩相互作用后表现出的承载特性和沉降特点也有很大的差异。华遵孟等(2010)在该地区进行桩基设计时，大都采用现行桩基规范推荐的参数，如对单桩承载力特征值和各层黄土的侧摩擦阻力都是参考规程中静力触探测试初步取值。这必然与实际情况不符，而且规范取值一般偏于保守，很可能造成较大浪费。现行规范要求：对甲级建筑桩基和场地条件较复杂的乙级建筑桩基，单桩竖向极限承载力均应通过单桩静载试验确定。基于上述情况，准确确定该地区的桩基承载力、研究分析桩基在该地区地质条件下的工作性能是现阶段急需解决的问题。

目前专家学者、工程技术人员对超大厚度黄土地区的桩基研究主要是从黄土的湿陷性入手，分析桩侧负摩擦阻力的特性以及地基处理方法，并取得了一些成果，如朱彦鹏等(2013)通过桩基浸水试验，对不同深度、不同范围内的桩侧负摩擦阻力的变化特征以及土体的沉降过程进行了分析；黄雪峰等(2007)在自重湿陷性黄土厚度大于 35 m 的场地进行大型现场荷载浸水试验，得出负摩擦阻力的数值与场地的湿陷类型、湿陷量的大小无明确对应关系的结论；杨校辉等(2014)结合不同深度的挤密桩进行地基深层浸水荷载试验，对大厚度自重湿陷性黄土地基处理深度和湿陷性评价进行了研究。谢永健等(2004)、王东红等(2005)研究了黄土地基中超长钻孔灌注桩的工程性能。对于桩基而言，张雁等

(2009)认为在一般情况下(如桩侧土质较好,不存在湿陷性黄土或冻土等特殊土层、桩周土已完全固结、桩侧表面无大面积堆载等情况),桩侧摩擦阻力沿桩身的分布无负摩擦阻力。但是目前对于庆阳地区黄土层上桩基性能的研究却非常匮乏,还没有形成系统的理论方法。因此,通过现场试验对桩的承载性能和桩身沉降进行详细的研究分析很有必要。

3.2　陇东深厚黄土地基桩基承载力原位试验

3.2.1　工程概况

为了确定该场地的单桩竖向抗压承载力,并判断采用桩基础能否为上部结构提供足够的承载力,现场试验依托庆阳市华池县第一中学(新建)工程展开,试验场地为Ⅱ类,无液化土层,在勘察深度范围内未揭露出地下水。地基土对混凝土结构及混凝土结构中的钢筋具有微腐蚀性,属自重湿陷性黄土场地,湿陷等级Ⅱ级,湿陷程度中等,建筑物属丙类建筑,冻土标准深度为820 mm。在控制深度内钻探,场地土层自上而下依次如下。

① 杂填土层:杂色、稍湿、松散。
② 黄土状粉土层:黄褐色、稍湿、稍密、硬塑,以粉土为主,具有湿陷性。
③ 角砾:杂色、较均匀,稍密至中密,稍湿。
④ 粉砂质泥岩:紫红色至棕红色,块状,砂质结构,稍湿。
⑤ 泥质粉砂岩:灰白至深灰,块状,本层为桩端持力层。

其地层分层统计及力学特性见表 3-1。

表 3-1　地层分层统计及力学特性

地层编号	地层名称	平均厚度 /m	承载力特征值 /kPa	桩极限端阻力 /kPa	桩极限侧摩擦阻力 /kPa
1	杂填土层	6.06	80		—10
2	黄土状粉土层	7.59	105		—10
3	角砾	0.65	230	2 200	135
4	粉砂质泥岩	2.28	200	1 240	140
5	泥质粉砂岩	5.33	500	3 000	160

3.2.2　试验方案

选取教学楼地下室场地 3 根试验桩,试验桩采用机械成孔灌注,混凝土标号为 C30,桩钢筋混凝土保护层厚度为 50 mm。桩端持力层为中风化至微风化的泥质粉砂岩。桩直径为 800 mm,长度为 11 m,扩底直径为 1 600 mm。

桩体施工时一次成桩,未留施工缝。在湿陷性黄土场地进行钻、挖孔及护底施工过程中要严防雨水和地表水流入桩孔内。基础施工之前先对场地杂填土进行碾压,至压实系数不小于 0.94,场地碾压后的天然地坪低于桩顶标高的位置采用素土回填至桩顶标高以上 600 mm,回填土分成每填 1 m 厚夯实一次,至压实系数不小于 0.94,然后定位打桩。基础至建筑面层中间部分采用素土回填,分层夯实,当回填至距离建筑面层 1.2 m 时,采用 2∶8 灰土回填至建筑面层,分层夯实。

3.3　试验操作要求

3.3.1　平板静载试验

试验采用的是堆载法。堆载平台由桁架、主梁、工字钢与跳板等组成,如图 3-1 所示。试验的加载反力系统是在堆载平台上堆放混凝土块,如图 3-2 所示。加载过程中采用的是液压千斤顶,液压千斤顶由电动液压泵驱动来完成加载,而且千斤顶的合力要通过试验桩的中心,如图 3-3 所示。压力值由已经标定过的压力表给出,压力表的精度不小于 0.4 级,试验过程中用的千斤顶、电动液压泵、高压油管的容许压力都不大于最大加载时压力的 1.2 倍。位移观测采用基准梁和较灵敏的百分表,在整个静载试验过程中静载试验仪始终自动记录压力值,桩顶沉降 Q-S 等曲线由仪器自动绘出,在桩端处焊接一钢丝绳,并将钢丝绳引到桩头以外,在静载试验时,量测钢丝绳的下降距离即为桩端的沉降。试验采用慢速维持荷载加载法,每级荷载在达到相对稳定之后再施加下一级荷载,直到试验桩的荷载达到极限承载力或桩身破坏,然后分级卸荷到零。在试验过程中,静荷载试验加载及观测方法如下。

① 分级加载:按照预估极限荷载的 1/15～1/10 进行加载,首级荷载是分级荷载的 2 倍。

② 沉降观测:每级加载结束后,5 min、10 min、15 min 分别读一次桩顶沉降量,之后每经过 15 min 继续记录一次桩顶沉降量,累计 1 h 后每经过 0.5 h 读取一次数据。

③ 沉降相对稳定的标准:在每级荷载的作用下,如果连续出现两次每小时内桩顶沉降量小于 0.1 mm 时可视为已经稳定。

④ 终止加载条件:当 Q-S 曲线上有能够判定极限承载力的陡降段,且桩顶

图 3-1　堆载平台　　　　　　图 3-2　加载反力系统

的总沉降量超过 40 mm；在某级荷载的作用下，桩顶沉降量不小于前一级荷载作用下桩顶沉降量的 2 倍，且经过 24 h 仍然没达到稳定；桩顶压裂或其他情况说明桩体已被压坏或达到设计要求的最大加载量。

3.3.2　桩身轴力试验

为测得整个试验过程中桩身混凝土、钢筋的应力变化，在桩身布置了钢筋应变计。为便于连接应变片的导线引出，且使导线在压桩时不被破坏，在桩顶侧面钻 3 个圆孔。沿桩身间隔 1 m 贴一个应变片，每列共 12 个，在同一高度贴 3 个，共计 36 个。每根试验桩在轴向对称钢筋上沿竖向布置钢筋应变计，并焊接于试验桩纵筋上，桩身传感器的布置及其分布位置如图 3-4 所示。在试验过程中采用自动化测试系统进行全程同步数据采集，对桩身内力进行观测，以便清楚地检测桩身各位置在荷载作用下内力的变化。

具体步骤为：

① 对每一个应变片进行电阻测量，进行标定；用抛光机将桩身表面贴应变片部位打磨光滑，定点编号。

② 贴应变片时，先用无水乙醇清除表面，后用丙酮擦拭，使表面清洁，用 502 胶将应变片粘贴在桩身内壁，最后用端子把引出线与应变片焊接在一起。

③ 用 703 胶涂在应变片表面，保证应变片绝缘和防潮。一个应变片有 4 个连接导线，为了方便编束，采用 4 种颜色的引出线，统一位置编束编号，并测量是

图 3-3　液压千斤顶

图 3-4　应变计布置

否绝缘。

④ 应变片粘贴完毕后,测量每一个电阻阻值,桩顶侧面开孔引出导线,试验桩端部焊接桩尖。

3.4　试验结果分析

3.4.1　单桩的荷载-沉降特性

对 3 根试验桩进行单桩竖向抗压承载力试验,得到单桩竖向静载试验的 Q-S 曲线和 S-lg t 曲线,如图 3-5～图 3-7 所示。3 根试验桩呈现出典型的摩擦桩特性。它们的 Q-S 曲线均表现为缓变型,无明显陡降段。在加载至 4 900 kN 时,均未达到极限破坏,且 3 根试验桩的桩身沉降量分别为 12.24 mm、15.44 mm 和 18.64 mm。

结合试验现场具体加载情况可知:试验最大加载值已经达到了设计要求(上部拟建建筑对单桩承载力要求为 2 400 kN),综合考虑后未继续加载下级荷载。3 根试验桩的 Q-S 曲线相似度较高,均有继续发展的趋势,故判断单桩竖向极限抗压承载力应大于 4 900 kN。将单桩竖向极限承载力除以安全系数 2,即为单桩竖向承载力特征值,因此判断单桩竖向抗压承载力特征值大于 2 400 kN。通过试验结果与设计要求对比可知,单桩承载力满足要求,说明桩

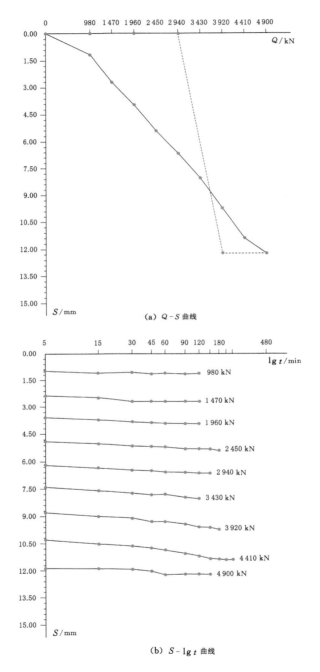

图 3-5　1# 试验桩的 Q-S 曲线和 S-lg t 曲线

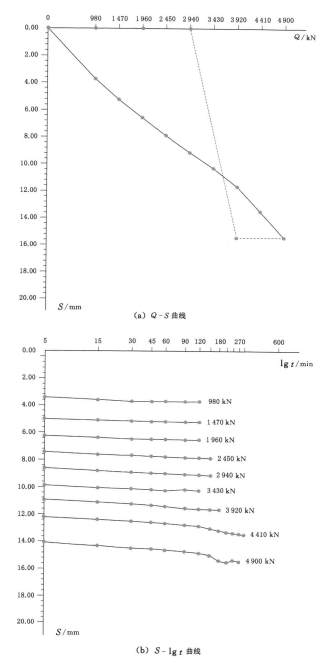

（a）Q-S 曲线

（b）S-$\lg t$ 曲线

图 3-6　2# 试验桩的 Q-S 曲线和 S-$\lg t$ 曲线

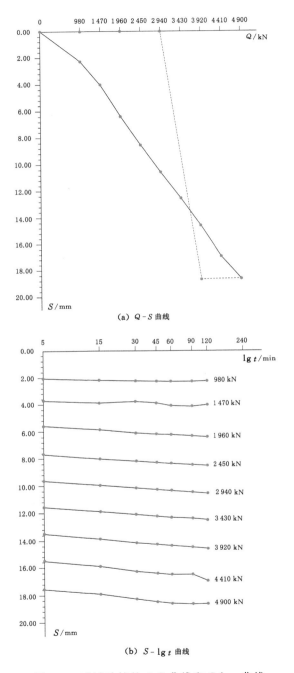

(a) Q-S 曲线

(b) S-$\lg t$ 曲线

图 3-7　$3^{\#}$ 试验桩的 Q-S 曲线和 S-$\lg t$ 曲线

基础能够为上部结构提供足够的承载力,且试验桩承载力并未得到充分发挥,在一定程度上还有余地可用

3.4.2　桩身轴力的分布规律

　　试验中可直接测得相应深度下的钢筋应变,因此桩身某一截面混凝土的应力可通过胡克定律间接计算得到,将得到的混凝土应力值和对应截面钢筋的应力值分别乘以各自的截面积,就可得到该截面钢筋与混凝土所受内力,将两者相加,即为该截面的桩身轴力。同理可得到每级荷载下桩身轴力沿深度的分布曲线,如图 3-8 所示。

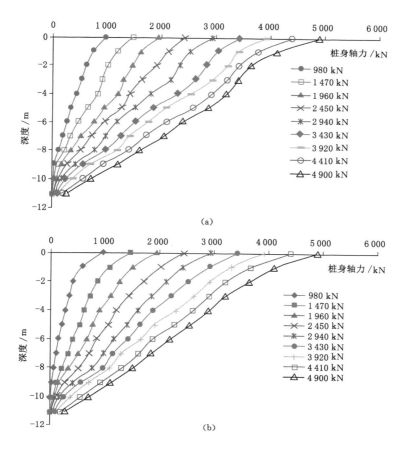

图 3-8　桩身轴力沿深度的分布曲线

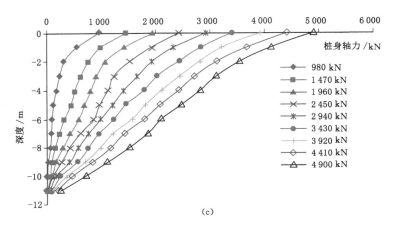

（c）

图 3-8 （续）

由图 3-8 可以看出，在逐级荷载下，3 根试验桩的桩身轴力均表现为随深度增加而减小并在不同的土层以不同速度递减的规律。当桩顶压力较小时，存在一个明显的拐点，使得桩身轴力衰减率急剧变小，说明当桩顶荷载较小时，桩周侧摩擦阻力提供了较大的力，从而有效地降低了桩身轴力。但当桩顶荷载继续增大后，由于荷载的变大，桩-土相对位移差变大，从整体来看，桩体轴力的衰减速率更大。

3.5 本章小结

通过在陇东深厚黄土地区进行的单桩与单桩承台的现场静荷载试验，得到如下结论：

① 在该大厚度黄土地区，单桩具有较高的承载力，而且沉降较为均匀、沉降量小，可以作为承受较大荷载的建筑物基础。3 根试验桩的 $Q\text{-}S$ 曲线平缓，没有出现明显陡降部分，$S\text{-}\lg t$ 曲线呈平缓规则分布，各桩的单桩极限承载力都不低于 4 900 kN，要比设计计算所得的单桩极限承载力大得多。

② 试验桩属于摩擦型桩，桩身轴力未传至桩端，桩端承载力为零，荷载主要由桩侧摩擦阻力提供反力承担；桩身轴力随深度分布不仅与桩顶荷载的大小有关，而且与桩周土的性质有关。

③ 桩身轴力随桩深度增加而减小，并在不同的土层以不同速度递减。当

桩顶压力较小时,存在一个明显的拐点,使得桩身轴力衰减率急剧变小,说明当桩顶荷载较小时,桩周侧摩擦阻力提供了较大的力,从而有效地降低了桩身轴力。但当桩顶荷载继续增大时,由于荷载的变大,桩-土相对位移变大,从整体来看,桩体轴力的衰减速率更大。

第4章 陇东深厚黄土地基桩-土作用的室内模型试验研究

4.1 概述

当上部结构的荷载较大、适合作为持力层的土层埋藏较深且采用天然浅基础或仅做简单的人工地基加固仍不能满足要求时,常采用的一种方法就是做桩基础。把结构支撑在桩基础上,荷载通过桩传到深处的坚硬岩土上,从而保证建筑物满足地基稳定和变形容许量的要求。桩通过其侧面和土的接触,将建筑荷载传递给桩周围的土体,或者传递给更深层的岩土,从而获得较大的承载能力,以支撑上部的大型建筑物。因此,研究桩-土间的相互作用机理不仅能够对基础设计提供合理参考,在桩基施工过程中也可对安全施工做出贡献。

桩-土共同作用问题是地基-基础-上部结构共同作用问题中的一个分支,研究地基基础与上部结构共同作用的理论,重要的是解决桩、地基土和基础之间共同作用的问题。但因为地下空间的复杂,影响桩-土共同作用的因素繁多,使桩-土共同作用问题研究仍然存在尚未解决的方面。因此,本章将研究黄土桩基加载过程中的桩-土关系。

黄土是第四纪时期的陆相沉积物,在全世界范围内分布广泛,我国的黄土面分布在山西、陕西、甘肃的大部分地区。此外,河南西部、河北、新疆、宁夏、青海、内蒙古、山东、辽宁、黑龙江等省(区)也有分布,但不连续。在这些地区中,尤其以陇东黄土高原最为典型,其黄土几乎覆盖了全区的地表,厚度大,可达 100 m 以上,湿陷性黄土的厚度也可达 20~30 m。

随着我国西部大开发的进行,西部地区土建进入了新时期,各种基础工程建设迅速兴起,高速公路、高铁、机场等建设热火朝天。一时间,西部地区幢幢高楼拔地而起。为了满足高层建筑地基大承载力及抗震的要求,或者针对某些对建筑物沉降控制的要求,桩基越来越多地被运用到了西部地区的地基处理中。

桩基是一种古老的基础形式。早在史前时期人们为了穿越河谷和沼泽区就使用了木桩。在距今约 7 000 年前的浙江河姆渡遗址中,就显示出古人已经采用木桩支撑房屋。北京的御河桥、上海的龙华塔、西安的灞桥都是我国古代使用木桩的例子。相比于一般的浅基础,桩基具有承载性能好、沉降较小的优点,而且桩基还可以抵抗水平荷载及上拔荷载,兼具抗震特点,所以近年来的应用非常广泛。

尽管桩基有诸如上述所说的多种优点,但在西部地区使用桩基础,就不得不考虑西部地区特有的地质条件——存在大面积、大厚度的湿陷性黄土。不少工程实例表明,湿陷性黄土地区的桩基在浸水后,不仅会发生剧烈的附加沉降,还会因桩身受到负摩擦阻力而使桩身轴力大大增加,从而为工程安全、地基稳定埋下安全隐患。

4.2　深厚黄土地基桩-土作用模型设计

由于黄土具有特殊的结构性及力学特性,导致对黄土地基中的桩基形态的研究很难得出普遍性规律。鉴于此,本章以庆阳市西峰区凤凰大境(Ⅱ期)项目深厚黄土为研究对象,进行了深厚黄土地基中的桩基承载力和桩-土作用室内模型研究。研究了深厚黄土中单桩承载力问题,同时针对群桩特性开展了不同桩长、长短桩复合桩基和渗水条件下的群桩承载力特性研究。通过大量试验研究,以期较全面地掌握陇东深厚黄土地基中桩基受力性状的规律,对深厚黄土地区桩基工程的设计和实践,提出有意义的建议和措施。

4.2.1　相似理论

相似理论是说明自然界和工程中各相似现象相似原理的学说,是研究自然现象中个性与共性、特殊与一般的关系以及内部矛盾与外部条件之间的关系的理论。用模型试验来模拟真实物理现象的发生,得出相应的规律,以便为实际问题提供理论指导,这需要模型物理量与原型物理量之间存在一定的相似性,否则无法保证模型试验得出的理论规律能真实地反映实际的物理现象。所以说,相似理论是滑坡物理模型试验中确定相似判断和指导模型试验的理论基础。

对于一般的力学现象而言,应当满足以下的相似条件:物质相似、几何相似、动力学相似、运动学相似。

对于模型试验来说,相似参数及材料的合理选择是确保模型试验结果正确与否的重要一环,它直接关系到试验数据的可靠性。为了能使模型试验模拟的结果真实客观地反映原型滑坡的相关规律,就需要使模型材料相关特性参数(如几何参数、力学参数等在内的大量参数)必须满足相似定理的要求,但是对于相似材料来说,满足所有参数相似几乎是不可能的,因为很难找到所有相似参数之间的最优组合关系。因此,研究各参数严格相似的相似材料是当前深厚黄土地基桩基工程模型试验的一个瓶颈。目前只能做到选择满足主要因素相似而忽略次要因素影响的较优的相似材料作为模型材料,因此造成模型结果就与实际产生误差,如何运用模拟结果预测实际情况,这也是目前深厚黄土地基桩基模型试验研究中还没有解决的问题。要完成相似材料研究工作,必须进行大规模的试验研究,这将是一个很漫长的过程。

深厚黄土地基桩-土室内模型试验方案与目标如图 4-1 所示。

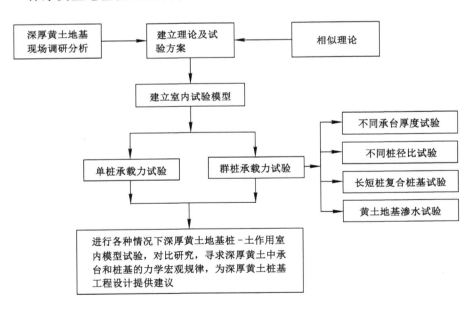

图 4-1　深厚黄土地基桩-土室内模型试验方案与目标

4.2.2　深厚黄土地基桩-土模型试验条件

（1）试验黄土的来源和基本物理指标

为了有针对性地进行项目试验，本书采用了甘肃省庆阳市西峰区凤凰大境（Ⅱ期）项目深厚黄土场地土壤，进行深厚黄土桩-土作用室内相似模型试验。

经室内试验测得，试验土层的密度为 2.1 g/cm³，最大干密度为 1.74 g/cm³，含水率为 20.6%，土粒比重为 2.7，见表 4-1。

表 4-1　地基土物理力学参数

试验土样	$\rho/(\text{g/cm}^3)$	$w/\%$	G_S
	2.1	20.6	2.7

（2）试验装置

陇东深厚黄土地基桩-土作用室内模型试验装置如图 4-2 所示。

图 4-2　陇东深厚黄土地基桩-土作用室内模型试验装置图

试验槽尺寸为 1.2 m×1.2 m×0.9 m（长×宽×高）。

试验桩用直径 2 cm 的空心铝管模拟。

试验承台用尺寸为 12 cm×12 cm×0.5 cm 和 24 cm×24 cm×1.0 cm 的钢板模拟。

试验加载设备由液压千斤顶和反力钢架组成。

试验轴向应力量测和桩体应变量测分别采用 BHR-1 型拉压应力传感器和 DH3816N 型静态应变测试系统。这两个设备组成的试验轴向应力和桩体应变量测系统具有较高的灵敏度和精度。该类传感器具有灵敏度高、响应速度快、可靠性强、精度要求高、零频响应等一系列突出优点。

试验用深厚黄土放在尺寸为 1.2 m×1.2 m×0.9 m(长×宽×高)的试验槽中。试验槽安置平台用黏土砖块砌筑而成,高约 40 cm。在试验槽中根据试验密度要求,将规定含水率的黄土分层击实,分层厚度为 10 cm,每层均匀击实 200 次。击实之后将表面铲毛,利于下一层土的击实,再重复该操作若干次,直到土层厚度达到试验要求厚度 90 cm。在每层土击实后用环刀取样测取每一层土的密度,控制每次试验时同一层的密度基本保持一致(每次试验土层密度差控制在 10% 以内),并计算出每一层地基土的含水率。若地基土每层的含水率不一致,则用洒水的处理方式,尽量保持每层地基土的含水率一致。

试验铝管按照要求分别截取不同的试验长度,铝管桩一端用透明胶封口做简单的漏浆处理,之后在其中灌入水泥砂浆(水泥砂浆呈自然流动状),同时用细竹条和小木棒做捣插和振动,保证铝管桩内砂浆密实并达到试验桩的强度要求,灌注完成将桩置于干燥箱中(温度控制在 35 ℃恒温)烘烤 12 h。将经过烘烤达到试验强度要求的模拟铝管桩用锉刀和砂纸打磨拉毛后,在桩身上每隔 10 cm 的截面处 705 胶粘贴应变片(涂抹胶水处用薄塑料纸搓揉,待有气泡产生之后停止搓揉并观察应变片是否贴于模拟铝管桩上)并等待 4 h 后接线。胶凝固后用测试信号传输线将贴有应变片模拟铝管桩与 DH3816N 型静态应变测试系统连接,并用应力测试系统软件现场测试每个截面的应变片是否平衡。若为溢出或未平衡,则在沉桩之前应重新粘贴应变片。群桩布置如图 4-3 所示。

图 4-3　群桩布置示意图

本试验为了防止黄土在击实过程中对桩体的破坏,用特制的钢管(4 cm×15 cm)来保护桩体。当本层黄土击实完成后,将钢管提升 10 cm,再击实下一层黄土。这样,既能保证桩体与黄土之间的完全接触,也防止了桩体应变片在击实过程中受到破坏。

在完成试验土层击实和桩体设置后,安装承台板置于桩端中心,在承台板的四角安装 4 个测试百分表,调试至合适的位置并将其固定,确保百分表在轻微振动下不发生移动。最后调试检查所有试验装置,包括 DH3816N 型静态应变测试系统和 BHR-1 型拉压应力传感器、应力-应变测试软件、承台摆放位置、百分表读数和稳定性,调试检查设备正常后开始试验。

（3）试验方式

进行试验时,采取慢速荷载维持法加载。将预估的极限承载力等分为不少于 10 级加载,用液压千斤顶施加荷载,每级荷载增量为 30 kPa,当每级荷载维持到沉降-时间关系曲线稳定或者 24 h 稳定标准时施加下级荷载,直到单桩或群桩失效破坏(出现明显的沉降裂缝、沉降量过大或沉降-时间关系曲线发生明显突变)时停止试验。单桩布置如图 4-4 所示。

图 4-4　单桩布置示意图

4.3 深厚黄土地基单桩承载力试验

在进行单桩承载力试验时,采用的桩径比为 25,桩底深厚黄土层为 40 cm,承台板的尺寸为 6 cm×6 cm。承台板的四个角分别布置百分表。

本次试验分别可获得如下数据:

① 承台实时沉降数据。

② 桩身 6 个截面的实时应变数据。

③ 全程宏观反映深厚黄土地基桩-土之间的变化过程与黄土桩基(单桩)的宏观应变、应力发展规律。

图 4-5 为承台沉降随时间变化关系图。

由图 4-5(a)～(c)可知,深厚黄土地基中的单桩沉降变形具有如下一些特性:

① 在分级加载的情况下,承台沉降是逐级增加的,且从曲线形状来看,刚开始加载(加载前期)曲线比较平缓,后期曲线逐级变陡,说明单桩随着荷载的逐级变大,其沉降速率也是逐级变大的,从等速率沉降逐级过渡到加速沉降,从而也说明单桩愈加趋于破坏。

② 从沉降曲线来看,单桩破坏的极限沉降量达到 1.8 mm、2.2 mm 和 0.9 mm,尝试对极限沉降引入沉降安全系数 F_s,则:

$$[S] = \frac{S_{lim}}{F_s}$$

如果取 $F_s = 2.0$,则$[S] = 1.8$ mm、1.1 mm、0.45 mm,且有:

$$N = \frac{[S]}{D} \times 100\%$$

对应的 $N = 4.5\%$、5.5%、2.2%,与传统经验相比[对于大直径桩可取 $S = (0.03～0.06)D$,其中 D 为桩端直径,所对应的荷载值作为其极限荷载值 Q_u],这里 N 的值恰好介于 3%～6% 之间。同时,对桩基工程而言,沉降(变形)控制条件与承载力控制条件并不完全协调,承载力控制是将极限承载力除以安全系数(二次折减)得到承载力特征值,变形控制应该是将极限变形 S_{lim} 除以承载力安全系数的 2 倍,可得到与承载力控制条件等效的结果。

换而言之,沉降变形控制的沉降安全系数 F_s 是承载力控制安全系数 F_Q 的 2 倍。在此条件下,两种地基安全控制条件得到的结果基本上是一致的。

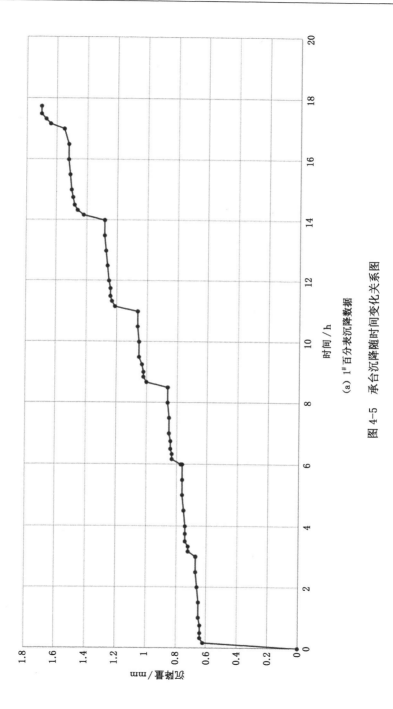

(a) 1# 百分表沉降数据

图 4-5　承台沉降随时间变化关系图

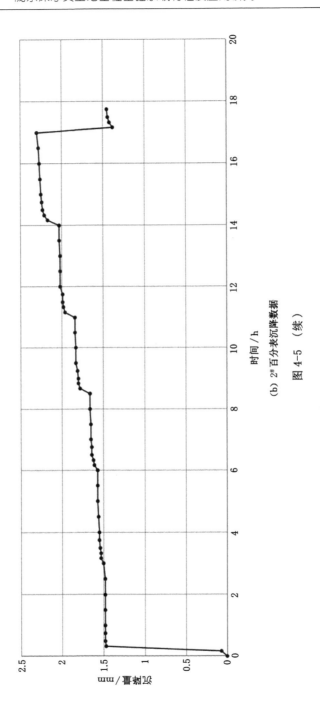

(b) 2# 百分表沉降数据

图 4-5 （续）

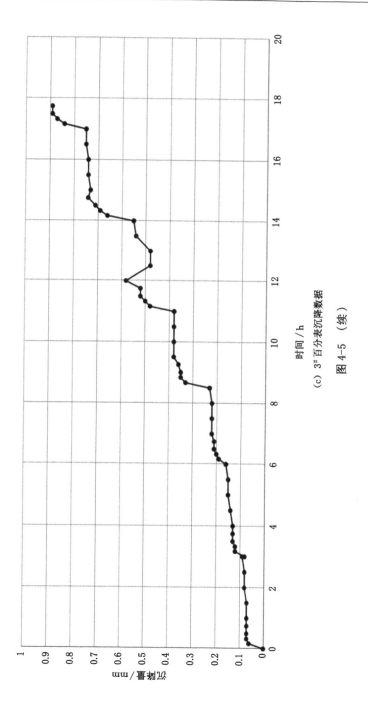

（c）3# 百分表沉降数据

图 4-5 （续）

通过上述桩基承载力控制与桩基沉降控制的不一致性可知,深厚黄土地基具有很强的非线性特性,桩-土之间的相互作用对于沉降影响很显著,大量沉降变形是桩-土之间摩擦力发挥作用的必然反映,所以黄土桩基产生相应量值的沉降变形是必须的,也是可控的。

图 4-6 为桩身截面应变随时间变化关系图。

由图 4-6(a)～(j)可知,桩身截面应变随着加载过程而变化,随着时空转变而发生一定的规律性变化,具体而言:

① 从时间(随 t 的变化)层面来看,从 $z=0$ cm 到 $z=50$ cm,其截面的应变随着时间的变化大体上可分为以下几个阶段。

第一阶段:应变增长阶段。刚开始加载(第 1、2 级荷载),应变会逐渐增大,这是由于刚开始土体应变较大,土体下沉速率大于桩体压缩速率,产生了一定的负摩擦阻力,加之外荷载的施加,使得刚开始的 4 h 内,尽管外荷载保持一定,但各截面的应变都在逐渐变大。

第二阶段:应变降低阶段。在前期荷载施加以后,桩体的应变增大了一部分,同时桩周土也达到了固结和压缩。此后,由于桩体下沉使得与土体之间产生了较大的摩擦效果(这种摩擦效果上部大、下部小),使得桩体应变反而变小。

第三阶段:弹性等应变沉降阶段。随着荷载的继续施加,虽然荷载总量是越来越大,但是桩-土截面的应变量变化幅度不大,基本上遵循一个等应变状态。这是由于随着荷载的增大,桩体和土体都得到了相当的压缩(桩周土大体在弹性阶段),此后的荷载增大,使得土体变形速率与桩体变形速率在量值上基本相当,产生了相对运动为零的状态。此时,我们会发现,虽然荷载增大了,但是桩体各截面的应变量基本呈水平,处于一种"等应变沉降"阶段。

第四阶段:突变阶段。随着荷载的继续增大,桩体周围土体的摩擦阻力由于相对运动已经发挥到某一个极限状态(弹性极限),此时桩体与土体之间会发生相对的"错动"和应力突变,这种突变的发生是由于桩-土之间不完全接触而发生的。这种错动和突变的发生,使得桩体应变也会发生突变。当这种突变结束后,桩-土之间会形成下一个平衡,其土体摩擦阻力也会逐渐发挥作用。

第五阶段:塑性等应变沉降阶段。后期,随着荷载的继续增大,桩体与桩周土共同作用、共同变形,由于土体摩擦效应的发挥,虽然上部荷载持续增大,但是桩体的应变和应力基本上是一个水平阶段,桩体处于"塑性等应变沉降"阶段。在这里,"塑性"指桩周土处于塑性变形阶段;"等应变"指桩体应变基本上保持不变,没有明显的增大或者减小;"沉降"指承台沉降持续增大。由于阶段性加载的

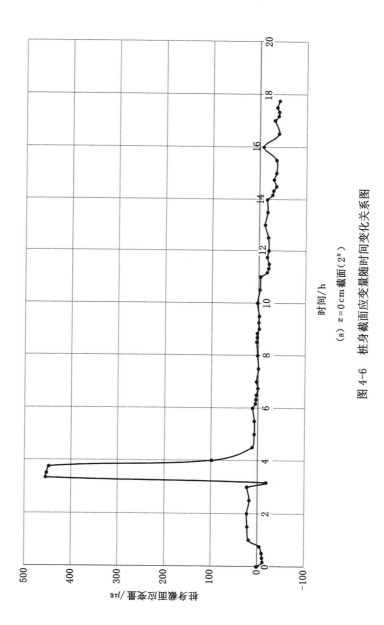

(a) z＝0cm截面（2#）

图 4-6　桩身截面应变量随时间变化关系图

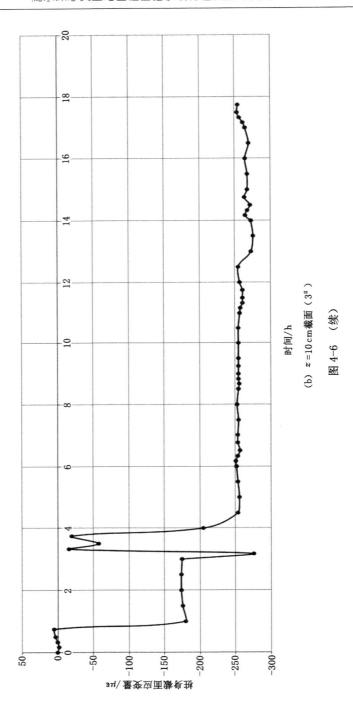

(b) z=10cm截面（3#）

图 4-6 （续）

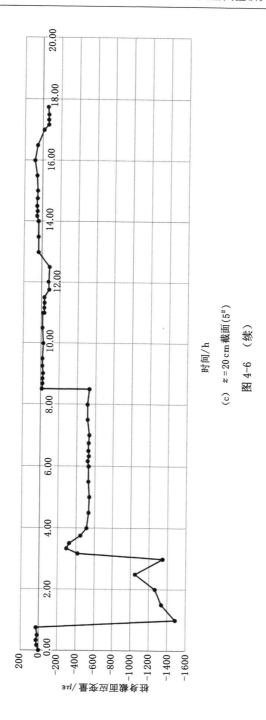

时间/h

(c) $z = 20\,cm$ 截面 ($5^{\#}$)

图 4-6　（续）

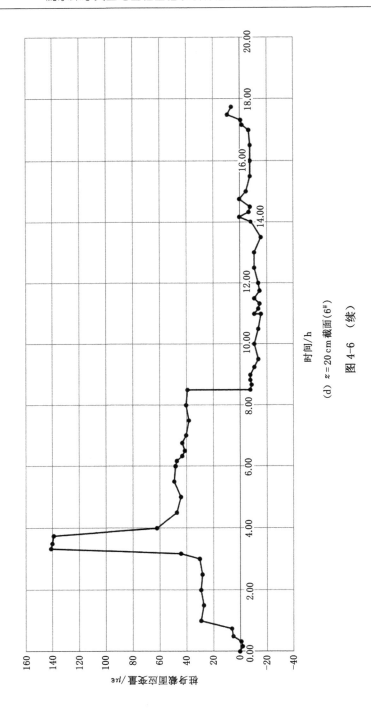

(d) $z = 20\,\mathrm{cm}$ 截面（6#）

图 4-6 （续）

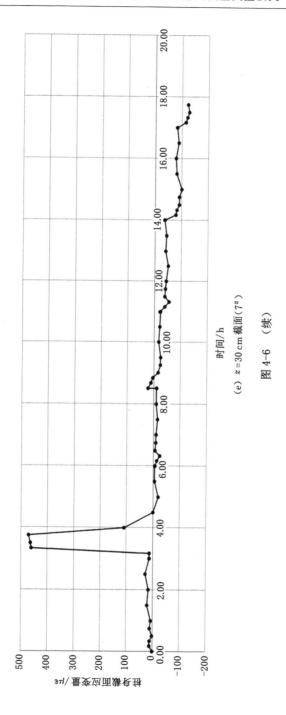

(e) z=30 cm 截面（7#）

图 4-6　（续）

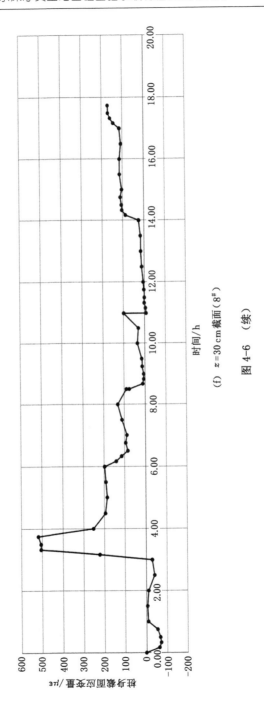

（f） z=30 cm 截面（8#）

图 4-6 （续）

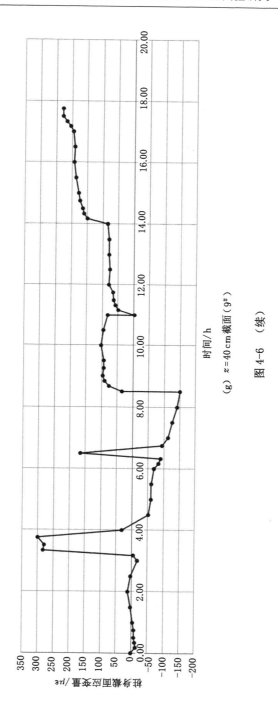

（g）$z=40\,cm$ 截面（9#）

图 4-6　（续）

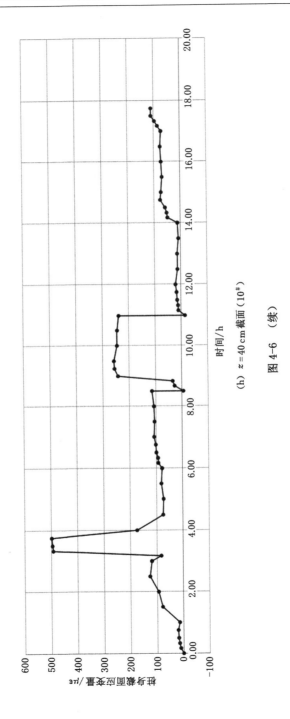

(h) z＝40 cm 截面（10#）

图 4-6（续）

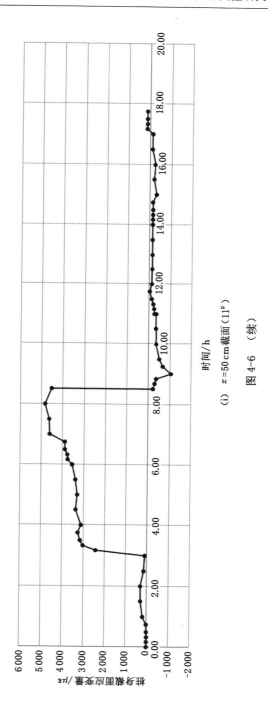

(i) $z = 50\,\mathrm{cm}$ 截面（11#）

图 4-6 （续）

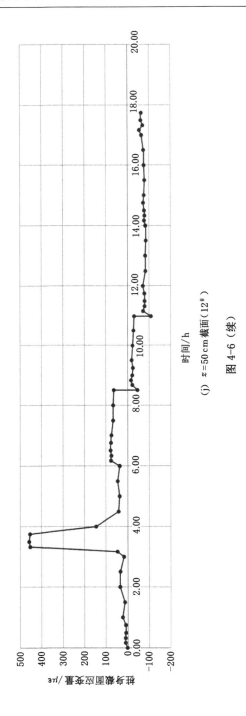

(j) z=50 cm 截面（12#）

图 4-6（续）

干扰,在加载时段的附近应变跳跃明显,但后期总体保持如上特征,可见加载对于宏观规律影响不大。

第六阶段:桩基失效阶段。外部荷载继续增大,当增大到某个程度,桩-土之间产生明显的滑移,摩擦阻力变小或失效。对于桩体的中间位置,由于摩擦阻力变小,桩体应变和应力持续增大。对于桩体底部位置,由于端承效应的发挥,桩端缓慢刺入下部黄土层中,桩体应变和应力基本上没有明显的变化(桩周土的阻力一般会增大)。此时,上部承台的沉降将急剧增大,沉降变形的速率显著增大,桩-土之间"大面积"相互作用力将变小或失效,桩-基被破坏。

② 从空间(随 z 的变化)层面来看,随着阶段性加载,桩体应变和应力与桩体竖向深度的变化规律如下:

由于分阶段加载对测量数据的干扰,整个测量数据局部跳跃性较大,寻找规律不太容易。为了研究问题的方便,特选择(4.0~8.0 h)阶段进行宏观规律的研究:$z=10$ cm 处,桩体绝对应变区间为[200,250];$z=20$ cm 处,桩体绝对应变区间为[400,600];$z=30$ cm 处,桩体绝对应变区间为[150,200];$z=40$ cm 处,桩体绝对应变区间为[100,150];$z=50$ cm 处,桩体绝对应变区间为[0.00,100]。

由此可知,桩体应变和应力总体而言,顶部小、中部较大、下部较小。

4.4　深厚黄土地基群桩承载力试验

4.4.1　不同桩径比对群桩承载力的影响

对于群桩基础而言,不同的桩长和桩径比对群桩基础的承载力和变形影响较大:

① 首先由图 4-7(a)可知,对于深厚黄土群桩基础而言,桩径比对承台沉降的形态和速率影响很明显,具体来讲可分为三个阶段。

第一阶段:弹性沉降阶段。在弹性沉降阶段,Q-S 曲线基本上均呈现出线弹性,此时桩长对沉降的限制作用不大,反而由于各种随机因素,桩径比大的情况沉降量更大。在这个阶段主要是桩周土的弹性压缩沉降,桩周土的摩擦效应没有发挥,偶然因素影响较大。

第二阶段:塑性变形阶段。在塑性变形阶段,Q-S 曲线差距较大,桩径比较大的长桩表现完美,其沉降速率基本上是等速率沉降,而桩径比小的短桩沉降速

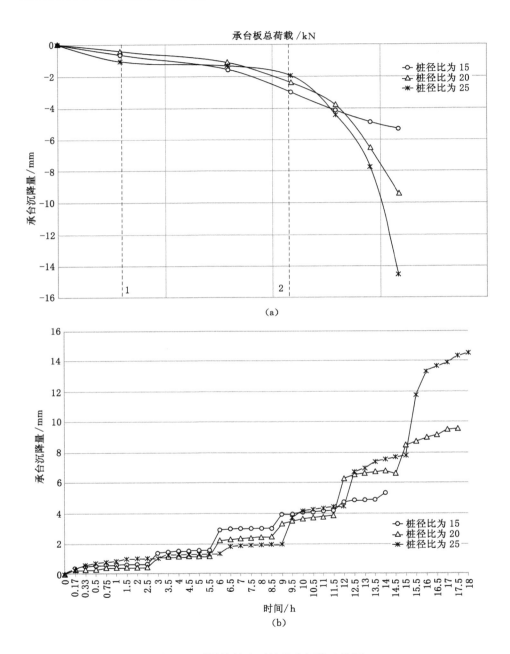

图 4-7　不同桩径比下的承台沉降比较图

率显著增大。这是由于长桩的摩擦效应得到有效发挥,桩-土共同工作成为一个整体,发生塑性变形。尽管外部荷载持续增大,但是长桩(试验中桩径比为 25)的沉降量基本上保持在一个水平线,表现出了缓慢流变的特性。短桩的沉降速率和沉降量均较大,控制变形的能力较差。

第三阶段:加速沉降阶段。在这一阶段,长桩的沉降量显著增大,桩-土之间摩擦强度逐渐变小或者发生滑移,相比较而言,长桩的沉降速率要远远大于短桩。这是由于前期在第二阶段,长桩的桩-土作用效应增强,桩周土对桩体的摩擦作用力大,但由于荷载的持续加大,使得这种土的摩擦力达到极限甚至桩-土之间发生了滑移效应,产生了摩擦阻力的突变,在第三阶段其沉降速率和沉降量也随之增大,长桩的这种沉降本质上属于整体剪切破坏。而短桩由于前期桩-土作用效应不明显,其不可能发生上述桩-土作用的突变,仍然按照一定的非线性过程缓慢变形和沉降,没有明显的拐点,其本质属于局部剪切破坏。这一阶段其本质就是桩-土作用降低或者失效的阶段,结果就是桩体刺入或者承台沉降量过大而宣告基础失效。

② 上述变化过程和规律在图 4-7(b)中也能得到体现。由图 4-7(b)可知,短桩的沉降量在 9.5 h 之前比较大,在 9.5 h 以后长桩的沉降量显著增大。对于桩基工程而言,一般控制其承载力小于容许承载力,且远小于极限承载力。此状态下,对于深厚黄土桩基工程,选择长桩对于群桩基础的沉降控制效果很好,值得工程界重视。

通过对图 4-8 分析可知,不同桩长和桩径比的群桩基础,其桩体应力和应变随着时空改变而发生相应调整,其宏观变化规律如下:

① 从时间(随 t 的变化)层面来看,从桩-土相互作用的角度出发,针对加载过程中桩周土的形态,可将桩体应变发展过程划分为以下三个阶段:

第一阶段:弹性变形阶段。在这个阶段,桩周土基本上按照弹性压缩发展,桩体应变和应力发展也是按照拟线弹性规律发展。

第二阶段:塑性变形阶段。桩-土共同作用效应凸显,尽管外部荷载持续增大,但桩侧摩擦阻力也增大明显,桩体应变增大不多或者基本为一个水平状态。

第三阶段:破坏阶段。这个阶段,桩周土随着变形的发展后期展现出一定的软化特性,而伴随着承台沉降的显著增大,基础失效。

② 从空间(随 z 的变化)层面来看,不同的桩体位置对不同桩径比的响应不同,具体表现如下。

对于长桩而言,根据桩周土所处的状态,可划分为:

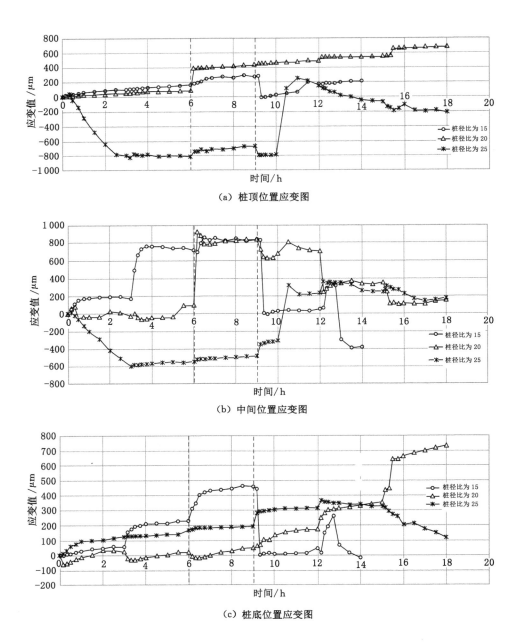

（a）桩顶位置应变图

（b）中间位置应变图

（c）桩底位置应变图

图 4-8 不同桩径比下的桩体应变比较图

弹性阶段：a. 桩顶部位桩体最大应变为 800 单位，桩中间部位桩体最大应变为 600 单位，桩底部位的最大应变为 100 单位。说明长桩的桩体应变上部最大，往下慢慢变小，这个现象与工程实践相吻合。b. 长桩顶部位置达到弹性拐点的时间较早，越往下达到弹性拐点的时间越长。这是由于长桩顶部的桩周土的摩擦阻力较小，桩体本身承担的荷载较大，很快将进入弹性拐点，但随着深度的增大，桩周土的摩擦阻力急剧增大，桩体截面的内力将减小，达到弹性拐点的时间大大延长。

塑性阶段：a. 当桩体应变越过弹性拐点后，其应变量基本保持在一个水平上，在这个水平上将保持很长的时间，而后进入应变突变，再进入应变减小阶段。当桩体应变越过弹性拐点后，前期的压缩固结使得桩周土的摩擦效应得到极大的发挥，在这个过程中上部荷载逐级增大，但桩周土提供的摩擦阻力也不断增大，从而桩体应变基本上保持在一条水平线上。b. 这个阶段的桩体应变仍然是上部大、下部小。

破坏阶段：随着外部荷载的继续增大，当达到一定程度时，桩周土的摩擦应将发挥到极限，此时土的摩擦力达到了桩周土的摩擦强度，桩周土再也无法给桩体提供更高的摩擦阻力，所以桩-土相互作用力将变小，桩-土将无法协同工作，从而使得桩体应变发生突变（桩体应变瞬间增加），反映在沉降曲线上就是沉降速率显著增大。随着荷载继续增大，桩体应变逐渐降低，桩侧摩擦阻力的显著降低使桩基承载力显著降低，承台沉降显著增大，尽管上部荷载增大，但桩体沉降卸荷的速率更大，使得桩体应变持续降低，直至桩基破坏失效。

对短桩而言，依据桩周土的性状，与长桩一样，也可划分为：

弹性阶段：a. 桩顶部位桩体应变最大为 200 单位，桩中间部位桩体最大应变为 200 单位，桩底部位的最大应变为 50 单位。说明短桩的桩体应变上部最大，往下慢慢变小，但变小的速率比长桩要慢得多，以至于中间部位基本和桩顶部位的应变差不多，这是由于长桩的桩-土协同作用效果更好，越往下桩体应变越小。另外，短桩的桩顶应变比长桩要小，这是由于在初始荷载作用下，桩-土共同作用发挥不大，外部荷载主要由桩体承担，但是对于短桩而言，桩体刚度较大，其应变较小，长桩的桩体刚度相对较小，其应变比较大。b. 短桩顶部的弹性拐点出现得比较迟，这是由于顶部桩-土作用小，主要靠桩体自身承载，但桩体刚度大，其弹性应变基本按线弹性增长，而且其弹性范围也比较大，所以其进入塑性阶段的时间比较迟。但是，短桩的中下部位置的弹性拐点很早，这是由于短桩的桩-土摩擦力小，很快就达到桩周土的弹性极限，从而使得桩周土很快进入塑性阶段。长桩的弹性拐点出现得晚一点，尤其是越往深处，其弹性拐点出现得越晚。

塑性阶段：和长桩一样,短桩的桩周土进入塑性阶段后,其桩体应变也基本上呈现水平状态。此时,桩-土作用得到发挥,桩体应变变化幅度不大。

破坏阶段：当荷载继续增大时,由于桩周土的强度达到了土的极限强度,此时桩-土之间的相互作用变弱或者桩-土之间发生滑移,使得桩体应变发生突变,承台沉降急剧增大,桩体下降速度也急剧增大,导致桩体应变显著减小而发生基础失效。

长桩的桩-土相互作用比较强,其桩周土的塑性发展过程比短桩要长,表现出一定的整体剪切形态和塑性特征；短桩恰恰相反,其塑性发展过程比较短,表现出一定的局部剪切形态和脆性特征。

4.4.2 长短桩复合桩基对群桩承载力的影响

在实际工程中,由于地基的非均匀性,在设置桩基础时,如果按照等间距或等桩长来设计桩基础,则对于地基刚度的调整不明显,尽管投入了大量的财力,但是地基的刚度仍然不均匀,仍然会产生明显的不均匀沉降。鉴于上述工程实践问题,目前经常采用变刚度调平设计,通过改变桩长或者桩间距的方式,地基较弱或者荷载较大的区域采取长桩与密桩,地基较强或者荷载较小的区域采用短柱或者疏桩。这种设计理念使得地基刚度得到有效调平,达到了地基刚度的相对均匀性,有效地降低了高层建筑的不均匀沉降和倾向量。

由图 4-9 可知,随着外部荷载的施加,长桩侧的承台平均沉降要小于短桩侧的承台平均沉降,两者在沉降形态上总体也反映出了初始沉降、等速沉降和加速沉降三个阶段。短桩的桩体长度短,桩-土相互作用力小,桩体本身承受的轴向荷载大,桩端荷载也比较大,对于深厚黄土地基来说,基桩沉降量比较大；相反,长桩的桩-土相互作用强,土体的摩擦强度大,桩体本身的轴向力较小,而且传递到桩端的荷载也较小,所以整体强度较高,沉降量小。

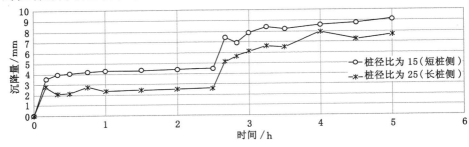

图 4-9 长短桩复合桩基下群桩承台沉降曲线

　　所以,对于深厚黄土地基来讲,长桩可以有效地改变地基的变形特性或提高桩-土复合地基刚度;对于非均质地基来讲,地基较好的部位可以采用短桩,地基较差的部位可采用长桩,两者相互协调,能够调整地基的整体刚度,使其达到地基刚度的相对均一化,避免地基的不均匀沉降。

　　由图 4-10 可知,基桩顶部和中部的应变-时间变化曲线总体都反映出了应变随着荷载增加而增大,到最后达到突变乃至逐渐减小的过程,这个过程也表现出了弹性阶段、塑性阶段和破坏阶段三个部分。在弹性阶段,长桩和短桩的桩体应变差距不大,这是由于刚开始荷载较小,桩体应变也比较小,随着荷载的增大,桩周土进入了塑性阶段,桩-土作用得到了有效发挥,慢慢地长桩的桩体应变逐渐变大,使得长桩的桩体应变大于短柱的桩体应变。当然,在这个过程中,长桩侧承台的沉降相对较小,两相对照,可知长桩的桩-土复合地基刚度较大。随着荷载的持续增大,桩周土达到了强度极限和塑性流动状态,桩-土作用显著降低,以至于桩-土相对滑移,使得桩体应变发生了突变和显著的沉降,导致了桩体应变的逐渐降低,桩基达到了失效状态。

　　在这一过程中,长桩表现出来较强的承载能力和变形控制能力,说明在深厚黄土地区采用长短桩复合桩基能够实现地基刚度的调平设计,对于上部结构体型复杂、荷载变化大、地基刚度不均匀的情况,采取这种设计理念是可行的。

4.4.3　地基渗水条件下的群桩性状分析

　　如图 4-11 所示,参照国内外研制的人工降雨装置并结合实际情况,自制一个专门的人工降雨模拟装置。本装置包括水龙头、水表、控制阀、过滤器、喷头、两通管和三通管,降雨覆盖范围为 1.8 m×1.5 m。主管和支管分别由内、外径 32 mm 和 20 mm 的 PPR 管通过两通和三通组装而成,通过调节水阀可以产生不同的降雨强度。

　　由图 4-12 可知,在地基渗水的条件下,其承台沉降量基本可分为两个阶段:

　　① 在刚开始施加荷载阶段,由于外部荷载较小,加之水入渗深度不深,此时两种状态的沉降速率相差不多,总体上渗水条件沉降量较大。

　　② 当时间到达 3 h 以后,两种状态的差距明显加大,渗水条件的承台沉降速率和沉降量急剧增大,达到 6 h 后,渗水条件下的桩基工程宣告失效,但是常规条件下的桩基工程承台沉降得很缓慢,而且沉降量很小,一直到荷载增大到 18 h,其沉降急剧增大,基础失效。两种状态下的桩基工程承载时间达到了 3 倍左右,说明深厚黄土地基对水具有敏感性,必须要防止地下管道渗水或地面雨水下渗。

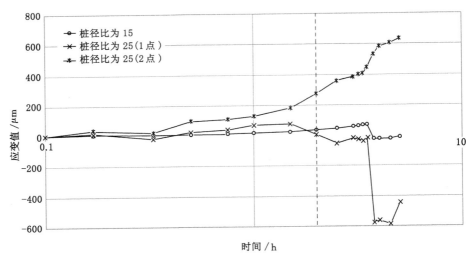

（a）基桩桩顶位置应变－时间关系图

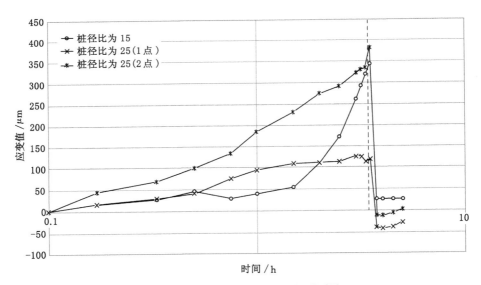

（b）基桩中间位置应变－时间关系图

图 4-10　桩体应变-时间关系曲线

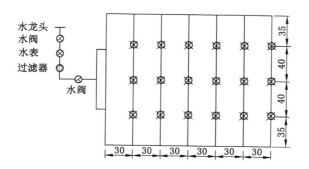

图 4-11 地基渗水装置示意图

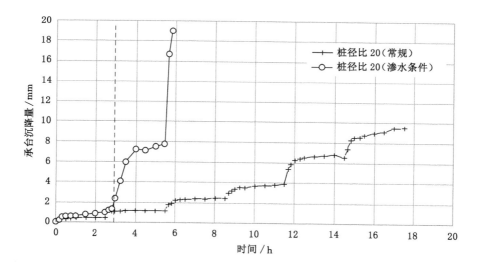

图 4-12 渗水条件下承台沉降量-时间关系图

由图 4-13 可知,对于桩体顶部而言,在渗水条件下桩体应变要大于常规条件下的桩体应变,当随着时间延续后,渗水状态的桩体应变急剧降低,而常规状态的桩体应变继续持续增大,一直到桩基失效为止。这是由于在渗水条件下,桩体顶部位置的桩周土强度显著降低,桩-土之间的相互作用效应降低,导致了桩体应力变大,随着荷载的增大,缺乏桩-土摩擦作用的辅助,其桩体应变也将持续增大,而且其应该要大于具有较好桩-土相互作用的常规条件桩体,一直到沉降量显著增大达到破坏桩体前,其桩体沉降显著,尽管上部荷载也在变大,但其桩体应变反而急剧降低(桩体急剧沉降的结果)。对于桩体中部位置而言,桩体应变的变化规律可分为两个阶段:① 初始加载阶段,在刚开始加载时,荷载不大,水的下渗深度也不大,此时两种状态的承台下降速率相差也不大。由图 4-14 可知,在初始阶段,常规状态下的桩体应变要大于渗水条件下的桩体应变,这是由于常规状态桩-土之间的相互作用力较大,整个桩-土体系的沉降较小,在地基沉降较小的情况下桩体应变比渗水条件下的桩体应变大,而且随着时间的延续,桩-土作用越发明显,桩体应变逐渐减小。但对于渗水条件,由于水的下渗作用影响,桩-土作用很小,使得桩体承载应力越来越大,直到发生突变和桩基失效。

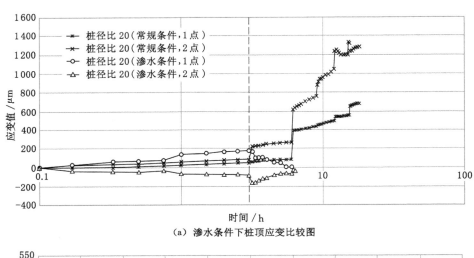

（a）渗水条件下桩顶应变比较图

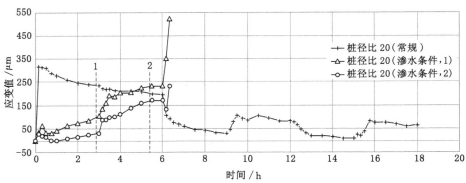

（b）渗水条件下基桩中间位置应变比较图

图 4-13　渗水条件下桩体应变-时间关系曲线

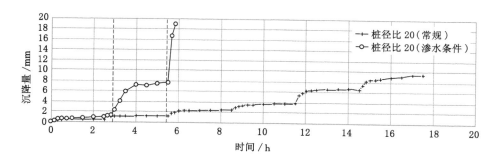

图 4-14　渗水条件下桩体沉降-时间关系图

4.5　本章小结

基于相似理论,本章进行深厚黄土地基室内模型试验,研究了单桩承载力特性和群桩系统在不同桩径比、长短桩复合桩基和地基渗水条件下对桩基承载力及桩-土作用的影响,研究表明:

① 沉降变形控制的安全系数 F_s 是承载力控制安全系数 F_Q 的 2 倍,两种地基安全控制条件得到的可靠度基本一致。同时说明,适度的沉降变形是桩-土相互作用发挥的必然,黄土桩基产生适当沉降是必然的,也是可控的。

② 桩体应变的发展可分为应变增长阶段、应变降低阶段、弹性等应变沉降阶段、突变阶段、塑性等应变沉降阶段、桩基失效阶段等 6 个阶段。桩体应变的变化与桩-土作用效果及侧摩擦阻力作用的发挥直接相关。

③ 对于深厚黄土群桩基础而言,桩径比对承台沉降速率影响明显。初始阶段桩长对沉降的抑制作用不大,随着桩-土塑性变形的发展,长桩优势凸显,其沉降基本上是等速率的,而短桩控制变形速率的能力较差。长桩属于整体剪切破坏,而短桩属于局部剪切破坏。随着荷载的继续增加,长桩的沉降量显著增大,桩-土作用显著降低甚至发生滑移,桩基础宣告失效。对于深厚黄土桩基工程,选择长桩对于群桩基础的沉降控制效果较好。

④ 对长短桩复合桩基承载力分析可知,长桩侧的承台平均沉降要小于短桩侧的承台平均沉降,两者在沉降形态上也反映出了初始弹性沉降、等速沉降和加速沉降三个阶段。在深厚黄土地区采用长短桩复合桩基能够实现地基刚度的调平设计,对于上部结构体型复杂、荷载变化大、地基刚度不均匀的情况,采取这种设计理念是可行的。

　　⑤ 对黄土地基渗水试验分析可知,常规条件和地基渗水条件下的桩基承载时间比达到了 3 倍左右,说明深厚黄土地基对水具有敏感性,必须要防止地下管道或地面雨水下渗。渗水条件下桩体应变要大于常规条件下的桩体应变,随着时间延续,渗水状态下的桩体应变急剧降低,而常规状态下的桩体应变持续增大,直到桩基失效为止。

第 5 章　强震作用下深厚黄土地基中桩基动力响应分析

5.1　概述

我国华北、西北地区大多为黄土土质,其中大部分是湿陷性黄土,且这些地区地震灾害频发,所以对于建筑物抗震性能的要求十分严格。根据各学者以往对地震中建筑物抗震性能的研究,地震多发区域以及高层建筑物多采用桩基作为建筑物的基础,事实也证明桩基具有良好的抗震性能。为更加全面地了解桩基在黄土地区的抗震性能,对强震状态下黄土地基中桩基动力进行分析,对于提高黄土地区建筑的抗震稳定性具有重要意义。

国内外研究人员针对强震状态下黄土地基中桩基动力进行了广泛而深入的研究:汤斌等(2016a,b)对湛江组结构性黏土中单桩水平承载性状进行了研究,但该种方法只能分析强震状态下黄土中单桩的水平承载力,不能对总体桩基的水平位移响应实施研究;王端端等(2015)针对湿陷性黄土中成孔方式对桩基承载力影响进行了试验研究,只侧重分析了冲孔形式对黄土中桩基承载力的干扰,因而具有一定的局限性;董晓明等(2016)对非均匀湿陷条件下黄土地区桩基力学性状进行了试验研究,但不适用于强震状态下的黄土中桩基力学性状的情况。

针对这些问题,本章提出了一种新的强震状态下黄土地基中桩基动力性状分析方法,采用黄土地基中桩基有限元模型以及 HSS 本构模型获取强震状态下黄土地基中桩基动力相关参数,基于相关参数从耦合荷载作用下的桩基桩身水平位移响应、桩身内力响应两方面分析强震状态下黄土地基中桩基动力性状,从而实现对强震状态下黄土地基中桩基动力性状的准确分析。

5.2 强震状态下黄土中桩基动力性状分析

5.2.1 黄土土体参数与 HSS 本构模型选择

本章对黄土中的桩基动力的性状进行分析,使用的黄土土体强度相关参数见表 5-1。

表 5-1 土体强度参数设置

变形模量 E_0/MPa	内聚力/kPa	摩擦角 φ/(°)	γ/(kN/m³)
19	6	21	17

基于 HS 硬化模型设计小应变硬化模型(HSS 本构模型),引用性能较优的 HSS 本构模型对强震状态下黄土中的桩基动力进行研究。该模型在注重土体承受荷载经历的同时,兼顾桩基刚度的应变相关性。基于以往的研究,采用勘测报告对 HSS 本构模型的相关参数进行设定,详细参数、参数意义和取值方法见表 5-2。

表 5-2 HSS 本构模型的参数、参数意义和取值方法

土体参数	意义	取值
E_{50}^{ref}	主加载割线模量	$E_{50}^{\text{ref}} = (1 \sim 2) E_{\text{oed}}^{\text{ref}}$(黏性土)
$E_{\text{ur}}^{\text{ref}}$	卸荷再加载模量(工程应变 $\varepsilon = 10^{-3} \sim 10^{-2}$)	$E_{\text{ur}}^{\text{ref}} = (4 \sim 6) E_{50}^{\text{ref}}$(黏性土)
$E_{\text{oed}}^{\text{ref}}$	固结试验的切线模量	$E_{\text{oed}}^{\text{ref}} = E_{\text{s}}^{1-2}$(黏性土固结试验值)
G_0	参考初始剪切模量	$G_0^{\text{ref}} = (1 \sim 2) E_{\text{ur}}^{\text{ref}}$
$\gamma_{0.7}$	阈值剪应变	$(1 \sim 2) e^{-4}$
m	幂指数	黏性土取 $0.7 \sim 0.9$

基于表 5-2 描述 HSS 本构模型参数取值方法,获取的 HSS 本构模型详细取值见表 5-3。

表 5-3 HSS 本构模型取值

E_0/MPa	19
E_{50}^{ref}/MPa	9
$E_{\text{oed}}^{\text{ref}}$/MPa	9

表 5-3(续)

E_{ur}^{ref}/MPa	29
m	0.7
$\gamma_{0.7}$	0.000 2
G_0/MPa	89

5.2.2　构建黄土中桩基有限元模型

通过有限元软件 PLAXIS 中的 HSS 本构模型获取强震状态下黄土桩基动力的相关参数,基于参数实现黄土中桩基动力性状的准确分析。对底层与桩基础进行特殊设定,使得计算简便并获取明显的特征,详细的设置为:

① 令地层均质水平。

② 不考虑地表以下水的干扰。

③ 令圆桩以板桩的形式存在,在平面应变模型的基础上实现。

④ 为解决由桩-土表面粗糙率差异引起的桩-土相互作用降低的问题,设定 PLAXIS 软件中的强度折减因子为 0.9,使其符合界面的要求。

本章对桩基础结构的仿真研究是基于 PLAXIS 软件的板单元进行的。图 5-1 为实施重复荷载作用后基桩的有限元模型图。桩身的物理条件见表 5-4。图 5-1 描述的模型中自由的界面存在于模型的表面,横向与纵向的位移约束存在于模型的底部,横向的不变约束存在于模型的侧面。将 $D=1.0$ m 作为桩体的半径,将 18 m 作为桩的长度,使真实的工程状况符合设定的计算参数。由于强震状态下的黄土桩基础的活动范围高达桩径大小的 10 倍之多,设定深度 30 m、宽度 50 m 为仿真研究的展开领域。强震过程中振动波依靠模型底部边界、左右边界进行消除。将模型中待计算的区域划分成网格状,关键性的研究部分要提高网格的分布密度(图 5-2)。

表 5-4　桩身的物理条件

弹性模量 E_p/MPa	抗弯刚度 EI/kPa	轴向刚度 EA/kPa	桩长 L/m	桩-土刚度比
3×10^4	1.362×10^6	2.245×10^7	17	1 100

5.2.3　荷载特性与参数设置

在分析强震状态下的黄土中桩基动力性状时,用存在规律的双向简谐波荷

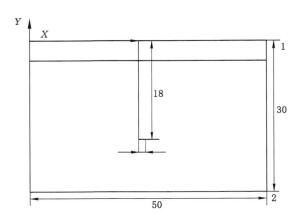

图 5-1 桩基有限元模型图(单位:m)

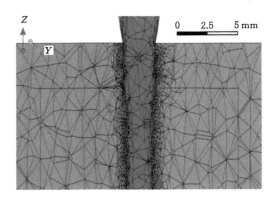

图 5-2 有限元网格划分图(单位:mm)

载代替存在难度的重复水平荷载作用在桩基上部,详细的计算方法用式(5-1)描述:

$$F(t) = F\sin(\omega t + \varphi) \qquad (5-1)$$

式中,振幅用 F 描述,设定 $F = 200$ kN;荷载频率用 ω 描述,$\omega = 2$ Hz;荷载持续时间用 t 描述,$t = 10$ s;初始相位角用 φ 描述,$\varphi = 0°$。

基于 5.2.2 小节中各参数设置,设置方法参考桩基有限元模型,获取模型中其他参数的设置:桩体弹性模量 $E_p = 3 \times 10^4$ MPa,土体变形模量 $E_0 = 30$ MPa,100 kN、200 kN、300 kN 是竖向荷载的取值,双向简谐波荷载即水平荷载。

基于黄土中桩基有限元模型和 HSS 本构模型，获取强震状态下黄土中桩基动力的相关参数，根据这些参数，从耦合荷载作用下的桩基桩身水平位移响应、桩身内力响应两方面分析强震状态下黄土桩基动力性状。

5.3　有限元数值仿真分析

5.3.1　耦合荷载作用下桩身水平位移的响应

通过设置 4 种大小的桩基竖向荷载值的方式，验证不同大小荷载对桩基桩身水平位移的影响，0 kN、100 kN、200 kN、300 kN 为设定的 4 种荷载值。强震状态下黄土单桩基桩顶水平位移折线图如图 5-3 所示。

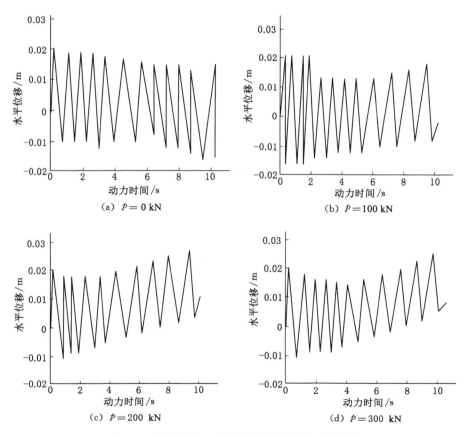

图 5-3　不同竖向力作用下桩顶的位移-时间曲线

由图 5-3 可以看出,桩基的侧向位移受到来自竖向荷载改变的干扰,且表现明显。竖向荷载对桩基侧向位移干扰最大时 $p=200$ kN,如图 5-3(c)所示,桩基正向侧的位移总量持续提高。竖向荷载对桩基侧向位移干扰最小时 $p=100$ kN,一方面是因为竖向荷载采用轴心荷载的方式在水平荷载之前进行作用;另一方面是因为 $p=100$ kN 时,竖向荷载处于较小范围,实施重复水平荷载对桩基的水平运动产生束缚,这是基于偏心距与偏心获取的 2 阶弯矩值不高,导致最终得到的水平向位移在 4 种竖向荷载数值下最小。

当 $t=0.2$ s 时,4 种数值竖向荷载施加压力下,强震状态下黄土桩基的水平位移状况如图 5-4 所示。分析图 5-4(a)~(d)中水平位移的极值能够看出,桩基上部是受水平向变形最大的部分,向桩基底部蔓延呈下降趋势,当桩身长度是10 m 时,相应的水平位移维持在 0 上下。桩身的水平位移最大值发生减小现象是在竖向荷载是 100 kN 的情况下。该情况表明,水平应力在竖向荷载极低时受到干扰,将其部分消除,相应的侧移呈下降趋势;相反,竖向力的增加会引起水平向产生大幅度的加挠曲线,因而桩身水平位移逐步上升。

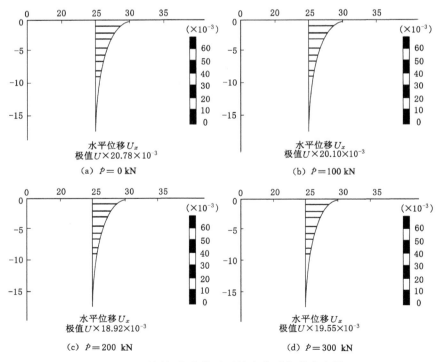

图 5-4 不同竖向力作用下桩身水平位移分布图

5.3.2　耦合荷载作用下桩身内力的响应

图 5-5 描述了强震状态下黄土中 4 种竖向荷载的桩基剪力排列情况,此时满足 $t=0.2$ s,且位于首个水平荷载循环周期水平位移达到上限。分析图 5-5 (a)~(d)可知,桩基上部出现剪力值的极值,桩身深度与桩身的剪力值呈反比例关系,剪力值为 0 时桩身约为 6 m;若桩身的深度不断变大则产生相反的剪力作用,剪力的分布规律为增大→减小模式,在桩底部分稳定在 0 上下。通过上述分析可以看出,桩基剪力的排列规律不会受到竖向荷载的严重干扰。

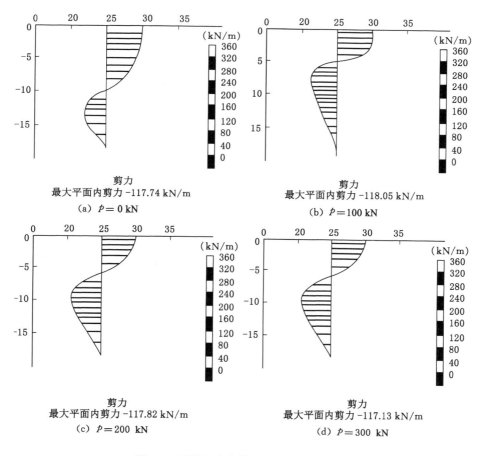

图 5-5　不同竖向力作用下的桩身剪力图

图 5-6 描述了桩基发生弯矩的分布情况,弯矩值位于桩基的上部时是 0,桩

基深度与弯矩值呈正比例关系。桩基深度是 6 m 时相应的剪力值降低为 0,则相应的弯矩值为最大,桩基深度的上升使得弯矩值下降,直至下降为 0 时所处的位置为桩的底部。基于以往对材料力学的研究,弯矩值与剪力值的变化状况相同,该变化状况足以证明土层至地下 6 m 位置的桩周土层对于土抗力至关重要。

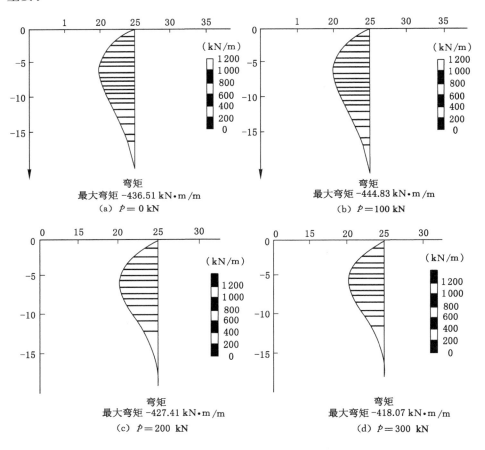

图 5-6　不同竖向力作用下的桩身弯矩图

表 5-5 描述了强震状态下黄土中 4 种竖向荷载作用获取的剪力值与弯矩值。从弯矩值角度分析,随着竖向荷载值的增加,桩基-桩身的弯矩值逐渐降低,但降低的幅度不大。桩周土的抗力可以通过 $t=10$ s 时的桩身剪力值进行表现,因为 $t=10$ s 时是末次卸载为 0 时的时间点。分析表 5-5 不同时刻不同竖向

荷载下的剪力值和弯矩值状况,当竖向荷载为 100 kN 时,抵消了一定的水平应力,此时获取的剪力值低于竖向荷载为 0 时的剪力值,相应的桩周土抗力达到下限;竖向荷载作用与剪力值呈正比例关系,说明此时的桩周土抗力呈上升趋势。

表 5-5　不同时刻不同竖向荷载下的剪力值和弯矩

时刻	项目	竖向荷载/kN			
		$p=0$	$p=100$	$p=200$	$p=300$
$t=0.2$ s	剪力值/(kN/m)	−106.63	−107.04	−106.71	−106.02
	弯矩值/(kN·m/m)	−433.72	−425.40	−416.30	−407.06
$t=10$ s	剪力值/(kN/m)	−16.34	14.64	−27.30	−19.00
	弯矩值/(kN·m/m)	50.35	34.26	−34.05	−67.04

5.4　本章小结

本章提出了强震状态下黄土中桩基动力性状分析方法,分析黄土中的桩基动力性状时,设置合理的黄土土体强度相关参数,基于 HS 硬化模型设计小应变硬化模型(HSS 本构模型),采用 HSS 本构模型对强震状态下黄土中的桩基动力进行研究。该模型在注重土体承受荷载经历的同时兼顾桩基刚度的应变相关性,并采用勘测报告设置 HSS 本构模型的相关参数。通过有限元软件 PLAXIS 中的 HSS 本构模型获取强震状态下黄土中桩基动力的相关参数,分析强震状态下的黄土中桩基动力性状时,用存在规律的双向简谐波荷载代替存在难度的重复水平荷载作用在桩基上部。最终采用黄土中桩基有限元模型以及 HSS 本构模型获取相关参数,根据这些参数从耦合荷载作用下的桩基-桩身水平位移响应、桩身内力响应两方面分析强震状态下黄土桩基动力性状展开试验研究。试验结果表明,本书方法能够从耦合荷载作用下桩身水平位移的响应、桩身内力响应两方面实现对强震状态下黄土中桩基动力性状的有效分析。

第6章 黏弹性黄土地基中单桩的
自振特性研究

6.1 概述

桩基作为众多工程领域中的一种深基础结构形式,以其简单、适用而广泛应用于铁路、公路、机场、海洋平台、高层建筑地基基础等,其振动特性一直在科学以及工程应用中备受关注。

土与结构相互作用下这一问题的复杂性,历来都是岩土工程、结构工程、固体力学接触问题中的棘手难题。蒲育等(2016)基于汉密尔顿原理和线弹性理论,应用微分求积法研究弹性地基梁自由振动的无量纲频率特性,但没有考虑实际工程中土体阻尼的影响。张阿舟等(1991)在考虑桩周土刚度及阻尼的情况下采用分离变量法求解了全埋置一维桩的自振频率及振型,若运用该方法在求解二维埋置结构自振特性时,得到的频率方程以超越方程形式表达,计算会更加复杂。彭丽等(2013)采用复模态方法分析了黏弹性三参数地基上梁的横向振动特性,并用微分求积方法加以验证,但没有分析衰减系数对自振特性的影响。杨骁等(2011)将桩等效为瑞利梁,利用精确有限元法求解成层液化土单桩-土-结构系统的固有频率,但运用该方法求解铁木森柯梁理论模型时,它的形函数不再精确,必须以增加结构单元数量为代价提高计算精度,不易推广至现实的工程中去,而波动理论对以上问题的解决提供了一条有效的途径。

回传射线矩阵自1998年首次引入结构计算以来,已被成功应用于框架结构及各向同性层状介质的瞬态响应及振动分析,其物理意义明确、列式统一、易于编程,且具有高精度、低耗时、结果可读性强等优点,在结构动力学分析中具有独特的优势。截至目前,对黏弹性地基中结构自振特性的相关研究工作还很少。

本节将回传射线矩阵法推广至黄土地基桩-土系统的振动分析中,运用回传射线矩阵法及求根法,利用 MATLAB 语言编程,通过具体算例分析了外露长度、埋置深度、桩端约束情况对埋置结构自振特性的影响,所得结论不仅对结构的质量检测具有指导意义及工程应用价值,而且可以为结构设计和施工计算提供理论基础。

6.2　回传射线法及求根法的基本原理

本节基于铁木森柯梁理论的文克尔地基模型,将桩基划分为 2 个单元 3 个节点,节点的编号如图 6-1(a)所示,建立整体坐标系(X,Y),引入 2 个对偶局部坐标系$(x,y)^{JK}$ 和$(x,y)^{KJ}$,如图 6-1(b)所示。

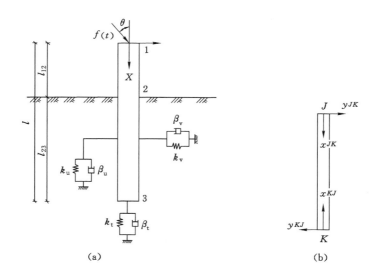

图 6-1　黏弹性黄土地基中单桩的计算模型及局部坐标系

在局部坐标系下,12、23 单元的波动控制方程为:

$$EA\frac{\partial^2 u}{\partial x^2} - k_{uj}u - \beta_{uj}\frac{\partial u}{\partial t} - \rho A\frac{\partial u^2}{\partial t^2} = 0 \tag{6-1}$$

$$\begin{cases} k'AG\dfrac{\partial^2 v_s}{\partial x^2} - k_{vj}(v_b + v_s) - \beta_{vj}\dfrac{\partial(v_b + v_s)}{\partial t} = \rho A\dfrac{\partial^2(v_b + v_s)}{\partial t} \\ EI_z\dfrac{\partial^3 v_b}{\partial x^3} + k'AG\dfrac{\partial v_s}{\partial x} - h^2\gamma_j\dfrac{\partial^2(v_b + v_s)}{\partial x\partial t} = \rho I_z\dfrac{\partial^2 v_b}{\partial x\partial t^2} \end{cases} \quad (j=1,2)$$

$$\tag{6-2}$$

式中,$u(x,t)$ 为轴向位移;$v_b(x,t)$ 为弯矩引起的挠度;$v_s(x,t)$ 为剪力引起的挠度;l、l_{12}、l_{23} 分别为单桩的总长、外露长度、埋置长度;E、G、ρ、h、A、k'、I_z 分别为单桩的弹性模量、剪切模量、密度、横截面高度、横截面面积、横截面剪切系数、横截面惯性矩;k_{uj}、k_{vj}、β_{uj}、β_{vj}、γ_j 分别为土体纵向弹簧系数、土体横向弹簧系数、土体纵向阻尼系数、土体横向阻尼系数和桩身截面转动时的土体摩擦阻尼系数,$j=1$ 时,$k_{u1}=\beta_{u1}=k_{v1}=\beta_{u1}=\gamma_1=0$,$j=2$ 时,$k_{u2}=k_u$,$k_{v2}=k_v$,$\beta_{u2}=\beta_u$,$\beta_{v2}=\beta_v$,$\gamma_2=\gamma$。

将式(6-1)、式(6-2)直接进行傅里叶变换并整理得:

$$\frac{d^2\hat{u}}{dx^2}-\left(\bar{k}_{uj}+i\omega\bar{\beta}_{uj}-\frac{\omega^2}{c_0^2}\right)\hat{u}=0 \tag{6-3}$$

$$\begin{cases} \dfrac{d^3\hat{v}_b}{dx^3}+\left(\dfrac{\omega^2}{c_0^2}-i\omega\gamma_j\right)\dfrac{d\hat{v}_b}{dx}+\left(\dfrac{k'G}{EI_z}-i\omega\gamma_j\right)\dfrac{d\hat{v}_s}{dx}=0 \\[2ex] \dfrac{d^2\hat{v}_s}{dx^2}-\left(\bar{k}_{vj}+i\omega\bar{\beta}_{vj}-\dfrac{\omega^2}{cI2_1}\right)(\hat{v}_b+\hat{v}_s)=0 \end{cases} \quad (j=1,2) \tag{6-4}$$

式中,顶标"^"表示频域中的变量;$i=\sqrt{-1}$;c_0 为纵波波速,$c_0=\sqrt{E/\rho}$;c_1 为挠曲波波速,$c_1=\sqrt{k'G/\rho}$;$\bar{k}_{vj}=k_{vj}/(k'AG)$;$\bar{k}_{uj}=k_{uj}/(EA)$;$\bar{\beta}_{vj}=\beta_{vj}/(k'AG)$;$\bar{\beta}_{uj}=\beta_{uj}/(EA)$;$\bar{\gamma}_j=\dfrac{h^2\gamma_j}{EI_z}$。

求解式(6-3)—式(6-4)得位移在频域中的表达式为:

$$\hat{u}(x,\omega)=a_1(\omega)e^{ik_1x}+d_1(\omega)e^{-ik_1x} \tag{6-5}$$

$$\hat{v}_b(x,\omega)=a_2(\omega)e^{ik_2x}+d_2(\omega)e^{-ik_2x}+a_3(\omega)e^{ik_3x}+d_3(\omega)e^{-ik_3x} \tag{6-6}$$

$$\hat{v}_s(x,\omega)=g_2a_2(\omega)e^{ik_2x}+g_2d_2(\omega)e^{-ik_2x}+g_3a_3(\omega)e^{ik_3x}+g_3d_3(\omega)e^{-ik_3x} \tag{6-7}$$

式中,$a_1(\omega)$、$a_2(\omega)$、$a_3(\omega)$ 为待定的入射波波幅;$d_1(\omega)$、$d_2(\omega)$、$d_3(\omega)$ 为待定的出射波波幅;k_1、k_2、k_3 为波数,且满足:

$$k_{1j}(\omega)=\sqrt{\frac{\omega^2}{c_0^2}-\bar{k}_{uj}-i\omega\bar{\beta}_{uj}}$$

$$k_{2j,3j}(\omega)=\sqrt{\frac{-(Q_1-Q_2)\pm\sqrt{(Q_1-Q_2)^2-4Q_1(Q_3-Q_2)}}{2}} \quad (j=1,2) \tag{6-8}$$

式中,$j=1$ 时,$k_{11}(\omega)$、$k_{21}(\omega)$、$k_{31}(\omega)$ 对应 12 单元的波数;当 $j=2$ 时,$k_{11}(\omega)$、

$k_{21}(\omega)$、$k_{31}(\omega)$ 对应 23 单元的波数。

$$Q_1 = \bar{k}_{vj} - i\omega\bar{\beta}_{vj} - \frac{\omega^2}{c_1^2}, \quad Q_2 = -i\omega\bar{\gamma}_j - \frac{\omega^2}{c_0^2}, \quad Q_3 = \frac{k'AG}{EI_z} - i\omega\bar{\gamma}_j$$

对应于波数 $k_{2j,3j}$，$\hat{v}_b$ 与 $\hat{v}_s$ 的比值为：

$$g_{2j,3j} = \frac{k_{2j,3j}^2 - Q_2}{Q_3} = \frac{-Q_2}{k_{2j,3j}^2 + Q_1} \tag{6-9}$$

轴力、弯矩、剪力和转角在频域中的表达式为：

$$\hat{F}(x,\omega) = EA\frac{\mathrm{d}\hat{u}}{\mathrm{d}x} = iEAk_{1j}\left[a_1(\omega)e^{ik_{1j}x} - d_1(\omega)e^{-ik_{1j}x}\right] \tag{6-10}$$

$$\hat{M}_z(x,\omega) = EI_z\frac{\mathrm{d}^3\hat{v}_b}{\mathrm{d}x^3}$$
$$= -EI_z\{k_{2j}^2\left[a_2(\omega)e^{ik_{2j}x} + d_2(\omega)e^{-ik_{2j}x}\right] +$$
$$k_{3j}^2\left[a_3(\omega)e^{ik_{3j}x} + d_3(\omega)e^{-ik_{3j}x}\right]\} \tag{6-11}$$

$$\hat{Q}(x,\omega) = k'AG\frac{\mathrm{d}\hat{v}_s}{\mathrm{d}x}$$
$$= k'AG\{ik_{2j}g_{2j}\left[a_2(\omega)e^{ik_{2j}x} - d_2(\omega)e^{-ik_{2j}x}\right] +$$
$$ik_{3j}g_{3j}\left[a_3(\omega)e^{ik_{3j}x} - d_3(\omega)e^{-ik_{3j}x}\right]\} \tag{6-12}$$

$$\hat{\varphi}_z(x,\omega) = \frac{\mathrm{d}\hat{v}_b}{\mathrm{d}x}$$
$$= k_{2j}\left[a_2(\omega)e^{ik_{2j}x} - d_2(\omega)e^{-ik_{2j}x}\right] + k_{3j}\left[a_3(\omega)e^{ik_{3j}x} - d_3(\omega)e^{-ik_{3j}x}\right] \tag{6-13}$$

图 6-2 为节点 1 的受力分析图，对节点 1 建立力平衡和位移协调条件，有：

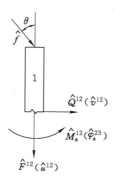

图 6-2　节点 1 的受力分析图

$$\begin{cases} \hat{F}^{12}(0,\omega) - \hat{f}\cos\theta(0,\omega) = 0 \\ \hat{Q}^{12}(0,\omega) - \hat{f}\sin\theta(0,\omega) = 0 \\ \hat{M}_z^{12}(0,\omega) = 0 \end{cases} \tag{6-14}$$

图 6-3 为节点 2 的受力分析图,对节点 2 建立力平衡和位移协调条件,有:

$$\begin{cases} \hat{F}^{21}(0,\omega) - \hat{F}^{23}(0,\omega) = 0 \\ \hat{Q}^{21}(0,\omega) - \hat{Q}^{23}(0,\omega) = 0 \\ \hat{M}^{21}(0,\omega) - \hat{M}_z^{23}(0,\omega) = 0 \\ \hat{u}^{21}(0,\omega) = -\hat{u}^{23}(0,\omega) \\ \hat{v}^{21}(0,\omega) = -\hat{v}^{23}(0,\omega) \\ \hat{\varphi}^{21}(0,\omega) = -\hat{\varphi}_z^{23}(0,\omega) \end{cases} \tag{6-15}$$

图 6-4 为节点 3 的受力分析图,对节点 3 建立力平衡和位移协调条件,有:

$$\begin{cases} \hat{F}^{32}(0,\omega) - \bar{k}_{ut}\hat{u}^{32}(0,\omega) - i\omega\bar{\beta}_{ut}\hat{u}^{32}(0,\omega) = 0 \\ \hat{Q}^{21}(0,\omega) = 0 \\ \hat{M}_z^{21}(0,\omega) = 0 \end{cases} \tag{6-16}$$

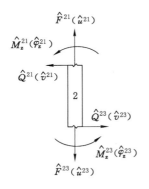

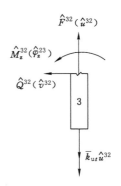

图 6-3 节点 2 的受力分析图   图 6-4 节点 3 的受力分析图

将式(6-10)~式(6-13)代入式(6-14)~式(6-16),并将局部坐标系下的矩阵形式组集成整体坐标系下的矩阵形式为:

$$d = Sa + s \tag{6-17}$$

式中,d、a 为总体出射波和入射波波幅向量;S、s 为整体散射矩阵和整体源矢量。

从局部坐标系的角度看,对于任一个单元 JK,其中一端的入射波对另一端

而言就是出射波。因此,入射波的波幅向量和出射波的波幅向量满足以下相位关系:

$$a^{JK}(\omega) = P^{JK}(l^{JK}, \omega)\tilde{d}^{KJ}(\omega) \qquad (6-18)$$

式中,$a^{JK}(\omega)$ 和 $\tilde{d}^{JK}(\omega)$ 为同一个单元两个节点处的入射波波幅和出射波波幅;$P^{JK}(l^{JK}, \omega)$ 称为传播矩阵,其中:

$$P^{JK}(l^{JK}, \omega) = \mathrm{diag}\{-\mathrm{e}^{-\mathrm{i}k_1 l^{JK}} \quad -\mathrm{e}^{-\mathrm{i}k_2 l^{JK}} \quad -\mathrm{e}^{-\mathrm{i}k_3 l^{JK}}\},l^{JK} 表示单元 JK 的长度。$$

将所有杆件单元的入射波波幅向量 $a^{JK}(\omega)$ 和出射波波幅向量 $\tilde{d}^{KJ}(\omega)$ 组集到总体入射波波幅向量 a 和总体出射波波幅向量 $\tilde{d}$ 中,写成紧凑形式为:

$$a(\omega) = P\tilde{d}(\omega) \qquad (6-19)$$

$\tilde{d}$ 与 d 中各元素相同,只是排列顺序有所变化,因此,引入置换矩阵 U,以调节 $\tilde{d}$ 中各元素在总体坐标系中的相对位置,有:

$$a(\omega) = PUd(\omega) \qquad (6-20)$$

将式(6-20)代入式(6-17),得:

$$d(\omega)[I - R(\omega)] = s \qquad (6-21)$$

式中,$R = SPU$ 为回传射线矩阵;I 为单位矩阵。

黏弹性地基中,桩基自由振动时,其波源矩阵 $s = 0$,即:

$$d(\omega)[I - R(\omega)] = 0 \qquad (6-22)$$

式中,$d(\omega)$ 有非零解的条件为系数行列式 $|I - R(\omega)|$ 必须为零。

结构在黏弹性地基中自由振动时需考虑土体阻尼对振动的衰减作用,令圆频率 $\omega_n = \bar{\omega}_n + \mathrm{i}\delta_n$。其中,实部 $\bar{\omega}_n$ 为所求的自振频率,虚部 δ_n 为对应的衰减系数。

$R(\omega)$ 中的各项是关于自振频率 $\bar{\omega}_n$ 及衰减系数 δ_n 的二维复数超越方程,在数学上此类问题只有数值解而没有解析解。考虑到以上因素,根据回传射线矩阵法的列式特点提出将二分法和黄金分割法(简称求根法)结合起来进行迭代求解复杂复数方程,即分别对 ω_n 的实部 $\bar{\omega}_n$ 和虚部 δ_n 进行循环,当 $[I - R(\omega)]$ 的模小于预先给定的误差时,取出对应的 ω_n,则 ω_n 的实部 $\bar{\omega}_n$ 为所求的自振频率,虚部 δ_n 为对应的衰减系数。

求得结构的自振频率及衰减系数后即可求得自由振动时的振型曲线,由线性代数的知识可知,矩阵与其行列式的值有如下关系:

$$[I - R] * \mathrm{adj}[I - R] = \det[I - R] * I \qquad (6-23)$$

式中,$\mathrm{adj}[I - R]$ 为矩阵 $[I - R]$ 的伴随矩阵;$\det[I - R]$ 为矩阵 $[I - R]$ 的模。

当 $\det[I - R]$ 中 ω 的实部取自振频率 $\bar{\omega}_n$、虚部 δ_n 取衰减系数时,式(6-23)即为:

$$[\boldsymbol{I}-\boldsymbol{R}(\omega_\mathrm{k})] * \mathrm{adj}[\boldsymbol{I}-\boldsymbol{R}(\omega)] = [0] \tag{6-24}$$

设 N 是出射波波幅向量 $\boldsymbol{d}_\mathrm{k}$ 的维数，m 为 $1 \leqslant m \leqslant N$ 的任意正整数 $\mathrm{adj}[\boldsymbol{I}-\boldsymbol{R}]$，矩阵的第 m 列记为 d_k，则：

$$[\boldsymbol{I}-\boldsymbol{R}(\omega_\mathrm{k})] * d_\mathrm{k} = \{0\} \tag{6-25}$$

当结构振动频率等于其自振频率时，$\mathrm{adj}[\boldsymbol{I}-\boldsymbol{R}(\omega_\mathrm{k})]$ 的每一列均可看作式(6-25)的解，即 $\mathrm{adj}[\boldsymbol{I}-\boldsymbol{R}(\omega_\mathrm{k})]$ 的每一个非零列都可以作为黏弹性地基中单桩在自由振动时非零出射波的波幅向量，求得 d_k 以后，代入式(6-22)可求得 a_k，将 a_k，d_k 代入式(6-5)～式(6-7)中，可求解结构任意点处的位移，将各节点位移归一化处理后即可得到黏弹性地基中单桩的振型曲线。

6.3 算例分析

与黏弹性黄土地基相互作用的单桩计算模型如图 6-1(a)所示，桩-土相互作用用并联弹簧和黏壶来模拟，桩底为黏弹性支撑，桩径 $D=1.25$ m，泊松比 $\mu=0.2337$，弹性模量 $E=4.321\times10^{10}$ Pa，密度 $\rho=2676$ kg/m³，截面剪切系数 $k'=0.82$。土体的计算参数见表 6-1。

表 6-1 黏弹性地基中土体的计算参数

k_u	k_v	k_t	β_u	β_v	β_t	γ
1.3×10^8	1.4×10^8	1.0×10^{10}	1.7×10^6	1.8×10^8	1.5×10^9	1.5×10^5

注：弹簧系数单位为 N/m²，阻尼系数单位为 N·s/m²。

6.3.1 埋置长度、外露长度对单桩自振特性的影响

以黏弹性黄土地基中桩底弹性支撑、桩顶自由的单桩为例，根据回传射线矩阵法及求根法，编写计算任意阶数的自振频率和振动模态的 MATLAB 程序，各工况下的长度见表 6-2。

表 6-2 三种工况下单桩的埋置长度、外露长度及桩长

工况	外露长度 l_{12}/m	埋置长度 l_{23}/m	桩长 l/m
工况 1	5.0	10.0	15.0
工况 2	10.0	8.0	18.0
工况 3	10.0	10.0	20.0

图 6-5 所示为埋置及外露长度对单桩自振频率的影响。

由图 6-5 可知,1 阶自振频率趋于重合,随着黏弹性地基中单桩自振阶数的增大,其自振频率逐渐增大,尤其第 4 阶之后,这种增幅很明显;埋置深度相同时,随着外露长度越长,结构的各阶自振频率越小;外露长度相同时,随着埋置深度越深,结构的各阶自振频率越小。

图 6-6 所示为埋置及外露长度对单桩衰减系数的影响。

由图 6-6 可知,随着黏弹性地基中单桩自振阶数的增大,其衰减系数逐渐增大;埋置深度相同时,随着外露长度越长,结构的各阶衰减系数越小;外露长度相同时,随着埋置深度越深,结构的各阶衰减系数越大。

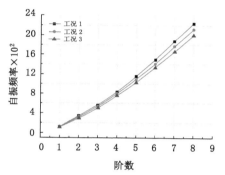

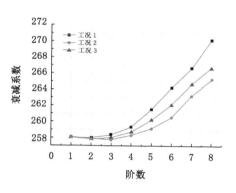

图 6-5　埋置及外露长度对单桩　　　图 6-6　埋置及外露长度对单桩
　　　　　自振频率的影响　　　　　　　　　　　衰减系数的影响

图 6-7 所示为埋置及外露长度对单桩模态的影响。

由图 6-7 可知,单桩基础发生自由振动时,埋置长度和外露长度对结构模态并无明显影响。三种工况下,随着桩长的增大,结构的 1 阶振型曲线趋于重合,随着黏弹性地基中单桩自振阶数的增大,其横向位移增大,表明桩长对振型中横向位移的影响较大;埋置部分的横向位移小于外露部分的横向位移,表明黏弹性地基对结构的振动衰减作用明显。

6.3.2　桩端约束情况对单桩自振特性的影响

图 6-8 所示为桩端约束情况对单桩自振频率的影响。

由图 6-8 可知,随着黏弹性地基中单桩自振阶数的增大,其自振频率逐渐增大;桩顶固定工况下单桩各阶自振频率最大,桩顶铰接工况下单桩各阶自振频率

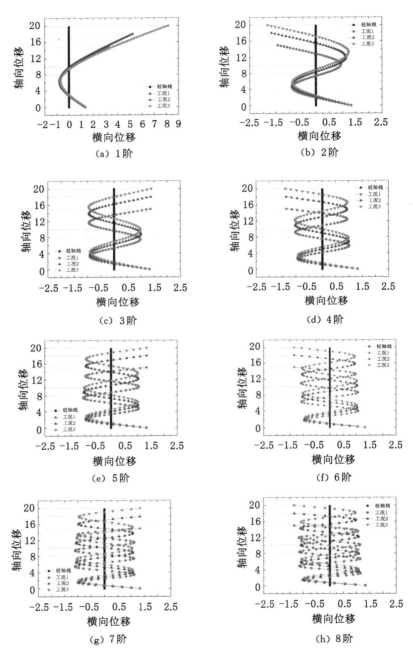

(a) 1阶

(b) 2阶

(c) 3阶

(d) 4阶

(e) 5阶

(f) 6阶

(g) 7阶

(h) 8阶

图 6-7　埋置及外露长度对单桩模态的影响

最小,桩顶自由工况下单桩各阶自振频率略小于其在桩顶固定工况下的各阶自振频率,又大于其在桩顶铰接工况下的各阶自振频率。

图 6-9 所示为桩端约束情况对单桩衰减系数的影响。

由图 6-9 可知,随着黏弹性地基中单桩自振阶数的增大,其衰减系数逐渐增大;桩顶自由工况下单桩各阶衰减系数最大,桩顶固定工况下单桩各阶衰减系数最小,桩顶铰接工况下单桩各阶衰减系数介于其在桩顶自由和桩顶固定工况下的各阶衰减系数之间。

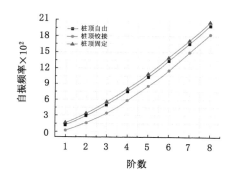

图 6-8　桩端约束情况对单桩自振
　　　　频率的影响

图 6-9　桩端约束情况对单桩衰减
　　　　系数的影响

图 6-10 所示为桩端约束情况对单桩模态的影响。

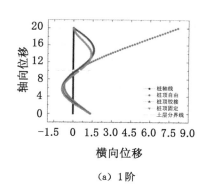
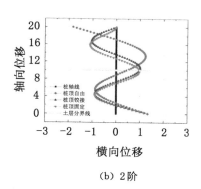

（a）1 阶　　　　　　　　　　　（b）2 阶

图 6-10　桩端约束情况对单桩模态的影响

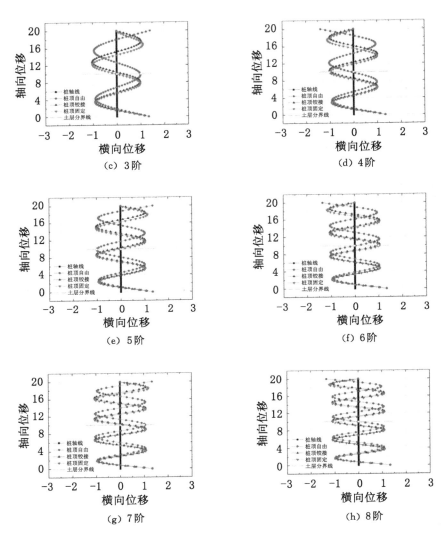

图 6-10 （续）

　　由图 6-10 可知,桩端相对桩底,其横向位移和轴向位移均增大,表明不同的桩端约束情况对模态的影响较大;桩顶自由工况下单桩各阶振型峰值相对其在桩顶铰接和桩顶固定工况下的各阶振型峰值较小,且桩顶自由时,随着黏弹性地基中单桩自振阶数的增大,桩端的横向位移逐渐减小。

6.4　本章小结

将回传射线矩阵法推广至黄土桩-土系统的振动分析中,对比分析了黏弹性黄土地基中桩的外露长度、埋置深度、桩端约束情况对单桩自振频率、衰减系数和模态的影响,得出以下结论:

① 随着黏弹性地基中单桩自振阶数的增大,其自振频率增幅、衰减系数逐渐增大,尤其是 4 阶之后,各阶自振频率增幅很明显。

② 随着外露长度越长,结构的各阶自振频率和衰减系数越小;随着埋置深度越深,结构的各阶自振频率越小,衰减系数越大。

③ 埋置长度和外露长度对结构的模态并无明显影响,但桩长对振型中横向位移的影响较大;埋置部分的横向位移小于外露部分的横向位移。

④ 桩顶固定工况下单桩各阶自振频率大于其在桩顶铰接和桩顶自由工况下的各阶自振频率;桩顶自由工况下单桩各阶衰减系数大于其在桩顶固定和桩顶铰接工况下的各阶衰减系数;桩顶自由工况下单桩各阶振型峰值相对其在桩顶铰接和桩顶固定工况下的各阶振型峰值较小。

第7章 深厚黄土地基中群桩基础承载特性数值模拟

7.1 概述

工程结构在不同外加荷载和环境作用下的各种反应,特别是其破坏过程和极限承载力,是工程技术人员最为关心的。当结构形式特殊、荷载及材料特性十分复杂时,人们往往借助于模型试验来研究其受力性能和工作机理。但用模型试验往往受场地和试验设备的限制而只能做小比例模型试验,很难完全反映实际结构的情况。如要研究某一参数对结构性能的影响,则需要做多个类似的构件,重复进行试验,工作量相当大。若用计算机仿真技术,可以考虑复杂地质条件、应力历史和边界条件等,结合试验资料,选取合理的材料参数建模还原现场试验情况,能够更加全面地研究桩的承载特性,通过计算机仿真试验则可完全按足尺进行,当研究某些参数的影响时,只需修改相应的输入参数即可。

有限元法的核心思想是将连续体离散化为若干个有限大小的单元体集合,以求解连续体力学问题。ANSYS有限元软件是以位移为未知量得出位移基本解,然后根据几何方程和材料的应力-应变关系得出应变场和应力场。本章采用有限元软件ANSYS对深厚黄土地基中承台-群桩-土相互作用进行仿真分析,通过接触稳态阻尼功能模拟桩-土的相互作用,处理高度非线性问题。

7.2 桩-土本构模型及接触面设置

7.2.1 桩体本构模型

桩身为钢筋混凝土材料,强度远大于土体,加载时一般不会发生材料强度破坏,因此对桩体采用各向同性线弹性模型。

7.2.2　土体本构模型

本章基于 PD 本构模型构建了考虑实体结构宏观拉压异性、在物质点对层次定义材料微损伤,将其应用于桩-土互相作用的定量计算,分析了不同物理参数对计算结果的影响,通过与有限元结果对比,验证了模型和算法的可靠性。

PD 本构模型将占据空间域 R 的物质离散为相互作用的点(图 7-1),域内某一点 x 与其周围一定范围 δ 内任意点 $x' \in R: \| x'-x \| \leqslant \delta$ 间构成存在相互作用力 f 的点对,则根据牛顿第二定律,可得到物质点的空间积分形式的运动方程为:

$$\rho(x)\ddot{u}(x,t) = \int_H f(u(x',t),u(x,t),x',x,t)\,\mathrm{d}V_{x'} + b(x,t) \quad (7\text{-}1)$$

式中,ρ 为物质密度;u 为点的位移;b 代表单位体积物质所受的外荷载(外荷载密度);H 为空间域内物质点 x 的近场范围,

$$H = H(x,\delta) := \langle x' \in R: \| x'-x \| \rangle \leqslant \delta$$

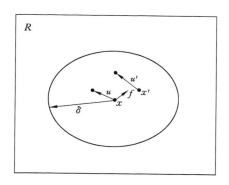

图 7-1　PD 本构模型示意图

对于 PD 本构模型,点对的作用类似于传统的弹簧,因而必然存在一个标量函数 ω(称之为点对势),使得:

$$f(\eta,\xi) = \frac{\partial \omega(\eta,\xi)}{\partial \eta} \quad (7\text{-}2)$$

式中,$\xi = x'-x$ 为点的相对位置量;$\eta = u'-u$ 为相对位移量。PD 线弹性的点对势函数为:

$$\omega(\eta,\xi) = \frac{c(\xi)s^2 \mid \xi \mid}{2} \qquad (7\text{-}3)$$

式中,$c(\xi)$ 为材料的微模量,对于均质材料 $c(\xi)=c$,c 为常数;s 为物质点对的相对伸长率:

$$s = \frac{\mid \eta + \xi \mid - \mid \xi \mid}{\mid \xi \mid} \qquad (7\text{-}4)$$

结合式(7-2)和式(7-3),可将 PD 线性微弹性材料的点对力函数 f 记为:

$$f = \frac{\eta + \xi}{\mid \eta + \xi \mid}\mu c(\xi)s \qquad (7\text{-}5)$$

对于宏观尺度的模拟,首先按笛卡儿坐标系将求解域均匀离散,点间距为 $\mid \Delta x \mid$,对于点 x_i,考虑近场范围尺寸内($\mid x_p - x_i \mid \leqslant \delta$)的相互作用力 f,根据式(7-1)可得到离散的基本方程为:

$$\rho \ddot{u}_i^n = \sum_{j=1}^{p} f(x_j - x_i, u_j^n - u_i^n)V_{ij} + b_i^n \qquad (7\text{-}6)$$

式中,n 为迭代时间步数;$u_i^n = u(x_i,t^n)$ 表示 i 物质点在 n 时间步的位移;p 为近场范围 δ 内其他点的个数;V_{ij} 为对于点 i 在近场范围内与之形成物质点对的另一点 j 占据的体积。

7.2.3　接触面设置

ANSYS 有限元软件提供两种接触单元:刚体-柔体的接触、柔体-柔体的接触。当一种软材料和一种硬材料接触时,可假定为刚体-柔体的接触;当两个接触体都是变形体时,采用柔体-柔体的接触。这些单元应用"目标"面和"接触"面来形成接触对。本章采用刚体-柔体的接触,应用 TARGE170 来模拟三维目标面,用 CONTA173 来模拟面与面的接触。

① 目标面应选择刚体表面,即用一个只有一个节点的单元,因此可以把控制节点作为刚性目标的控制器,整个目标面的力-力矩和转动-位移可以只通过控制节点来表示。对三维接触问题,目标单元号应使刚性面的外法线方向指向接触面。

② 接触单元既可以通过直接生成法生成,也可以在下伏单元的外表面上自动生成,本章采用自动生成法。

7.3　深厚黄土中群桩承载力仿真分析

7.3.1　有限元模型的建立

　　模型的建立是否正确会直接影响到计算结果的精度及能否反映实际的受力状况。本部分参考了文献[9]中第五章关于"黄土桩基仿真模拟"的相关内容，为便于阅读，在章节内容和编排上进行了精简和适当处理。本章利用 ANSYS 有限元软件建立承台-群桩三维有限元模型（图 7-2）和模拟桩-土相互作用关系（图 7-3），研究对群桩基础施加不同荷载值，且通过改变桩基础物理参数（包括不同桩径、承台厚度、桩身长度）对基础沉降及桩身承载力的影响。为了较好地模拟这种相互作用机理，尽可能地加密桩-土接触区域的离散网格，由近到远、由密到疏过渡，这样既可确保计算精度，又易于收敛，节省运算时间。

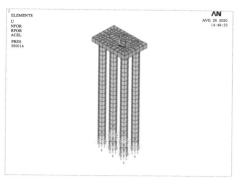
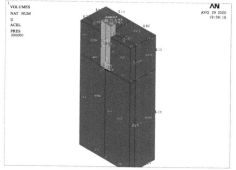

图 7-2　承台-群桩三维有限元模型　　　　图 7-3　桩-土接触模型

7.3.2　计算参数的选取

　　仿真分析中通过模拟桩周土及桩的相关参数变化，研究湿陷性黄土地区桩基的受力性状，为黄土地区桩基设计理论的完善提供依据。在选取桩周土的每组参数后，与桩的设计参数进行合理组合，相关技术参数的选取范围见表 7-1，桩体模型物理参数见表 7-2。

表 7-1　有限元模型参数设置

	弹性模量/GPa	泊松比	密度/(kg/m³)	内聚力	摩擦角/(°)	膨胀角/(°)
桩周土	0.25	0.4	2 000	19	32	30
桩体	25	0.2	2 500	—	—	—

表 7-2　桩体模型物理参数

桩体参数	桩数 n:1 桩、2×3 群桩
	桩直径 d:1 m、1.5 m、1.8 m
	桩长 L:20 m、25 m
	承台厚度:1 m、2 m
	荷载等级:竖向荷载,承台作用均布荷载(1.0～3.5)×10⁵ kN

7.3.3　群桩基础沉降分析

群桩基础在上部结构恒载及活载作用下产生沉降,荷载的一部分通过桩侧摩擦阻力和桩端反力传到土中;另一部分由于桩端贯入变形和桩身压缩变形,使承台底土体受压而承担。因此,群桩基础承载力主要由桩间土、桩端土、承台底土和桩及承台共同承受,受力和变形特征非常复杂。为了研究各因素对群桩基础沉降的影响程度,从承台设计参数及群桩设计参数等角度进行数值仿真分析。

（1）桩身直径对群桩沉降的影响

保持其他参数不变,建立 2×3 群桩模型,计算分析桩身直径变化对群桩基础沉降的影响。群桩基础总体沉降与桩身直径和桩长的关系曲线如图 7-4～图 7-6 所示。

由图 7-4 和图 7-5 可以看出,群桩基础的沉降都随桩身直径的增大而减小,桩身直径越小沉降量越大,且随着荷载的增加沉降量也会增加。这是因为对于以摩擦力为主的群桩,直径越长桩侧摩擦阻力所占承载力的比例越小,其承载力主要由桩侧摩擦阻力承受。由图 7-6 可以看出,采取相同桩身直径时,桩身长度越大基础沉降量也越大,且荷载值小,沉降量变化不大,随着荷载的增加沉降量变大。

（2）承台厚度对群桩基础沉降的影响

建立 2×3 三维群桩模型,为了研究承台厚度对群桩基础沉降的影响,

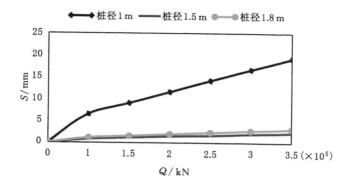

图 7-4　群桩沉降与桩身直径关系($L=25$ m)

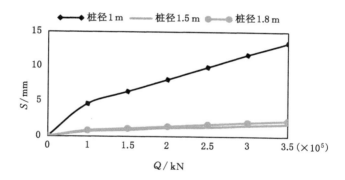

图 7-5　群桩沉降与桩身直径关系($L=20$ m)

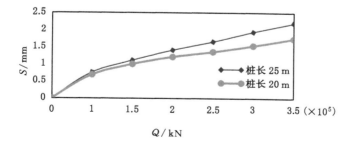

图 7-6　群桩沉降与桩身长度关系

改变承台厚度（承台厚度分别取 1 m、2 m），选取不同截面位置，2×3 群桩承台平面位置如图 7-7 所示，研究不同截面上不同位置的桩号沉降量值的变化规律。

图 7-8 为群桩基础位移云图。由图 7-8 可以看出，桩身正下方沉降分布相对于桩身边缘处较小，沉降云图呈现出桩侧两斜椭圆分布。

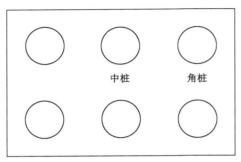

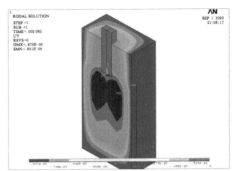

图 7-7　2×3 群桩承台平面位置示意图　　　图 7-8　群桩基础位移云图

图 7-9、图 7-10 所示分别为承台厚度为 1 m、2 m 时，随着荷载的增加对基础沉降量的影响。

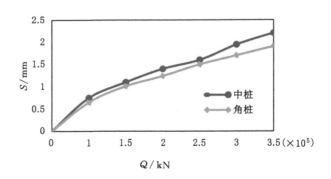

图 7-9　承台厚度 1 m 群桩沉降曲线

由图 7-9、图 7-10 可以看出，2×3 群桩各位置桩顶沉降以中桩最大、角桩最小，这是因为地基可以看成一个连续半无限空间体，作用在土体内某一点的荷载在其余各点也会产生位移，各点作用的结果使得中桩沉降最大，整个基础的沉降呈下凹形。

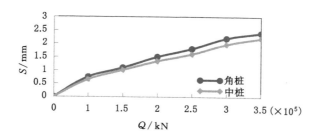

图 7-10 承台厚度 2 m 群桩沉降曲线

图 7-11 所示为不同承台厚度群桩沉降曲线。由图 7-11 可以看出，承台厚度越大，各桩桩顶的沉降差越小。由此可见，增大承台厚度可以减小群桩桩顶的不均匀沉降，且随着荷载的增加基础沉降量变化量也越大。

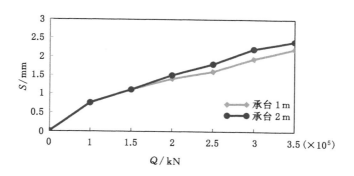

图 7-11 不同承台厚度群桩沉降曲线

7.3.4 群桩基础承载力分析

（1）桩身轴力分析

由图 7-12～图 7-15 可以看出，当桩长一定（$L = 25$ m）时，在相同荷载下，角桩桩身应力最大、边桩次之、中心桩最小，且这三种桩桩身应力的差距随荷载等级的提高而增大，中桩位于群桩内部，由于群桩效应的影响，所以桩-土之间的相对位移受到了限制，中心桩的侧摩擦阻力发挥不充分，其承载力的发挥亦受到限制，故中心桩桩身应力小于角桩和边桩。当荷载越大时，所需的桩的承载力就越大，中桩承载力发挥受到的限制就越大，中桩与角桩桩身应力差别就越大。这是因为桩顶处轴力变化主要是由桩侧摩擦阻力引起的，而桩端处轴力主要是由桩端土反力引起的,对于刚性承台下的桥梁群桩基础,其桩端位移是相同的(各桩的刚度相同),引起桩端土反力亦相同,则各桩端处轴力亦相同。

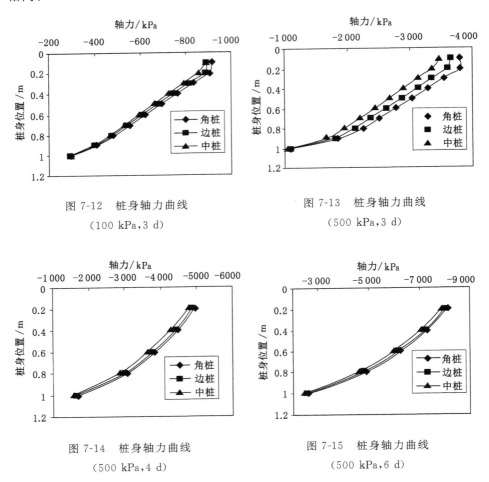

图 7-12　桩身轴力曲线
(100 kPa,3 d)

图 7-13　桩身轴力曲线
(500 kPa,3 d)

图 7-14　桩身轴力曲线
(500 kPa,4 d)

图 7-15　桩身轴力曲线
(500 kPa,6 d)

7.4　本章小结

①　群桩基础的沉降都随桩身直径的增大而减小,桩身直径越小沉降量越大,且随着荷载的增加沉降量也会增加,这是因为对于以摩擦力为主的群桩,直径越长,其桩侧摩擦阻力所占承载力的比例越小,其承载力主要由桩侧摩擦

阻力承受。

② 桩顶沉降以中桩最大、角桩最小,承台厚度越大,各桩桩顶的沉降差越小,增大承台厚度可以减小群桩桩顶的不均匀沉降,桩距增大则中、边、角各桩桩顶的沉降差亦增大,这是因为桩距增大,各桩的变形更自由。

③ 承台厚度对基础沉降的影响不明显,当承台厚度增加时,基础总体沉降略有减小。承台越厚,各桩位的沉降差异越小。对于小桩距承台,不同厚度的承台沉降曲线比较均匀;而对于大桩距承台,沉降曲线中部沉降大、两边沉降小,而且随剖面位置的不同,沉降曲线形态亦不相同。

④ 当桩长一定时,在相同荷载下,角桩桩身应力最大、中心桩最小,且这两种桩桩身应力的差距随荷载等级的提高而增大,随桩距的增大而减小。当荷载越大时,所需的桩的承载力就越大,中心桩承载力发挥受到的限制就越大,中心桩与角桩桩身应力差别就越大。当桩距变大时,群桩间距变大,桩-土之间相互裹挟作用减小,中心桩承载力的发挥受到的限制减小。

参 考 文 献

[1] 董晓明,高仕赵,宋军,等.非均匀湿陷条件下黄土地区桩基力学性状试验研究[J].公路交通科技,2016,33(6):32-39.

[2] 费鸿庆,王燕.黄土地基中超长钻孔灌注桩工程性状研究[J].岩土工程学报,2000,22(5):576-580.

[3] 韩军舵.黄土沟谷地形桩基承载力影响因素分析[D].西安:长安大学,2014.

[4] 侯瑜.湿陷性黄土地区桥梁桩基承载力研究[D].西安:长安大学,2016.

[5] 胡士兵,王忠瑾,张永永.大直径开口钢管桩竖向承载特性试验研究[J].西部探矿工程,2016(2):115-124.

[6] 华遵孟,张森安,张恩祥,等.陇东黄土塬场地高层建筑地基基础设计方案分析[J].工程勘察,2010(增刊1):267-277.

[7] 黄雪峰,陈正汉,哈双,等.大厚度自重湿陷性黄土中灌注桩承载性状与负摩阻力的试验研究[J].岩土工程学报,2007,29(3):338-346.

[8] 李芬花,邓丹平,周子楠.基于 ANSYS 的近海工程桩基础 p-y 曲线研究[J].水利水电技术,2017,48(6):60-65.

[9] 李晋.黄土桩基桩土共同作用性状仿真与试验研究[D].西安:长安大学,2006.

[10] 李善珍,马学宁,田兆斌.路堤荷载下长短桩加固黄土地基影响因素的分析[J].铁道科学与工程学报,2017,14(2):241-249.

[11] 梁发云,刘兵,李静茹.考虑冲刷作用效应桥梁桩基地震易损性分析[J].地震工程学报,2017,39(1):13-19,79.

[12] 林天健,侯厚金,王利群.桩基础设计指南[M].北京:中国建筑工业出版社,1999.

[13] 刘科元,李海滨.地震引起建筑结构损伤可靠性预测仿真[J].计算机仿真,2017,34(1):423-426.

[14] 刘争宏,郑建国,于永堂.湿陷性黄土场地 PHC 桩竖向承载性状试验研究[J].岩土工程学报,2010(增刊 2):111-114.

[15] 柳伟,张斌伟,柳德龙.与黏弹性地基相互作用的单桩的自振特性分析[J].噪声与振动控制,2019,39(5):28-34.

[16] 彭杰,李同春,李凌霞.设计地震作用下拱坝的等效应力应用研究[J].水利水电技术,2015,46(4):50-54.

[17] 彭丽,丁虎,陈立群.黏弹性 Pasternak 地基梁振动的复模态分析[J].振动与冲击,2013(2):143-146.

[18] 蒲育,滕兆春.Winkler-Pasternak 弹性地基梁自由振动的二维弹性分析[J].计算力学学报,2016(2):182-187.

[19] 邵勇,朱进军,马庆华.承台-倾斜桩体系承载力性状分析[J].长江科学院院报,2015,32(12):98-102.

[20] 谈磊,宁帅朋,韩丽婷.输电线路工程预应力灌注桩防蚀设计及施工工艺[J].电力工程技术,2017,36(6):63-67.

[21] 汤斌,郭凡夫,沈建华.湛江组结构性黏土中单桩水平承载性状试验研究[J].武汉科技大学学报(自然科学版),2016a,39(5):387-392.

[22] 汤斌,郭凡夫,谢亮,等.湛江组结构性黏土中桩基竖向承载性状模型试验[J].水利水电科技进展,2016b,36(5):60-64.

[23] 汤鹏举,阙宏宇,王诗元,等.降雨工况下超高黄土边坡稳定性分析[J].路基工程,2023(6):59-65.

[24] 铁道第四勘察设计院.铁路工程地质原位测试规程:TB 10018—2003[S].北京:中国铁道出版社,2018.

[25] 王东红,谢星,张炜,等.黄土地区超长钻孔灌注桩荷载传递性状试验研究[J].工程地质学报,2005,13(1):117-123.

[26] 王端端,周志军,吕彦达,等.湿陷性黄土中成孔方式对桩基承载力影响试验研究[J].岩土力学,2015,36(10):2927-2933.

[27] 谢永健,郑建国,朱合华,等.黄土地基中超长钻孔灌注桩荷载传递性状研究[J].建筑结构,2004,34(12):11-13.

[28] 徐金明.桩基沉降与承载力的实用计算方法及其工程应用研究[D].上海:同济大学,2003.

[29] 薛玉.强夯后黄土地基中桩的承载特性研究[D].西安:西安建筑科技大学,2009.

［30］杨骁，蔡雪琼.考虑横向效应饱和黏弹性土层中桩的纵向振动［J］.岩土力学，2011（6）：1875-1863.

［31］杨校辉，黄雪峰，朱彦鹏，等.大厚度自重湿陷性黄土地基处理深度和湿陷性评价试验研究［J］.岩石力学与工程学报，2014，33（5）：1063-1074.

［32］张阿舟，赵淳生.桩基故障诊断理论分析（一）：理想桩的自由振动特性［J］.振动、测试与诊断，1991（1）：4-11.

［33］张雁，刘金波.桩基手册［M］.北京：中国建筑工业出版社，2009.

［34］中国建筑科学研究院.建筑桩基技术规范：JGJ 94—2008［S］.北京：中国建筑工业出版社，2008.

［35］周峰，林树枝.实现桩土共同作用的机理及若干方法［J］.建筑结构，2012，42（3）：140-143.

［36］周云东，上官子恒，褚飞飞，等.地震动非一致性对隧道动力响应的影响分析［J］.地震工程学报，2017，39（1）：8-12.

［37］朱彦鹏，赵天时，陈长流.桩基负摩阻力沿桩长变化的试验研究［J］.岩土力学，2013，34（增刊1）：265-272.

［38］GUO Z H，LIU X R，ZHU Z Y.Limit analysis of seismic collapse for shallow tunnel in inhomogeneous ground［J］.Geomechanics and engineering A，2021，24（5）：194-503.

［39］NIU F S，XU J C，MA K.Field experimental study of transmitted characteristics of pile foundation under vertical load in loess slope［J］.Rock and soil mechanics，2014，35（7）：1899-1906.

［40］SHEN H B，WU H L，LI L J，et al.Description method for variation of sediment transport rate based on delayed response model［J］.Journal of basic science and engineering，2020，28（6）：1294-1303.

［41］TRUNG N T，KIYOMIYA O，YOSHIDA M.The dynamic behavior of a steel pipe sheet pile foundation in a liquefied layer during an earthquake［J］.Journal of JSCE，2014，2（1）：116-135.

［42］ZHU Y，YANG X，MA T，et al.Bearing behavior and optimization design of large-diameter long pile foundation in loess subsoil［J］.Chinese journal of rock mechanics and engineering，2017，36（4）：1012-1023.